高性能混凝土应用技术指南

住房和城乡建设部标准定额司
工业和信息化部原材料工业司

U0202517

中国建筑工业出版社

图书在版编目（CIP）数据

高性能混凝土应用技术指南/住房和城乡建设部标准
定额司，工业和信息化部原材料工业司. —北京：中国
建筑工业出版社，2014.12
ISBN 978-7-112-17619-9

Ⅰ.①高… Ⅱ.①住…②工… Ⅲ.①高强混凝土-指
南 Ⅳ.①TU528.31-62

中国版本图书馆 CIP 数据核字（2014）第 295345 号

责任编辑：田立平
责任设计：张　虹
责任校对：李美娜　刘梦然

高性能混凝土应用技术指南

住房和城乡建设部标准定额司
工业和信息化部原材料工业司

*

中国建筑工业出版社出版、发行（北京西郊百万庄）
各地新华书店、建筑书店经销
北京科地亚盟排版公司制版
环球东方（北京）印务有限公司印刷

*

开本：787×1092 毫米　1/16　印张：9½　字数：230 千字
2015 年 1 月第一版　　2017 年 11 月第四次印刷
定价：**26.00** 元
ISBN 978 - 7 - 112 - 17619 - 9
（26831）

版权所有　翻印必究
如有印装质量问题，可寄本社退换
（邮政编码　100037）

住房城乡建设部标准定额司
工业和信息化部原材料工业司

建标实函〔2014〕150 号

住房城乡建设部标准定额司
工业和信息化部原材料工业司
关于印发《高性能混凝土应用技术指南》的通知

各有关单位：

为落实住房城乡建设部、工业和信息化部《关于推广应用高性能混凝土的若干意见》（建标〔2014〕117 号），住房城乡建设部标准定额司、工业和信息化部原材料工业司组织有关单位和专家编制了《高性能混凝土应用技术指南》，已经专家审查通过，现予印发，作为开展高性能混凝土推广应用、培训等工作的技术依据。

《高性能混凝土应用技术指南》由中国建筑工业出版社出版发行。

住房城乡建设部　　　　　　　　工业和信息化部
标准定额司　　　　　　　　　　原材料工业司

2014 年 11 月 5 日

《高性能混凝土应用技术指南》
编　委　会

编写人员：丁　威　　黄小坤　　冷发光　　周永祥　　阎培渝

赵顺增　　朱爱萍　　韦庆东　　刘加平　　王永海

郝挺宇　　王　军　　李景芳　　王　晶　　高金枝

张庆欢　　张文会　　王晓锋　　赵彦革　　刘　刚

何更新

审查人员：韩素芳　　王　玲　　石云兴　　林常青　　孙芹先

王　元　　黄政宇　　谢永江　　罗保恒　　朱　军

编　写　单　位

中国建筑科学研究院

清华大学

中国建筑材料科学研究总院

中冶建筑研究总院有限公司

中建西部建设股份有限公司

江苏省建筑科学研究院

中国建筑工程总公司技术中心

北京金隅混凝土有限公司

中国混凝土与水泥制品协会

前　言

为落实《国务院关于化解产能严重过剩矛盾的指导意见》（国发〔2013〕41 号）、《国务院办公厅关于转发发展改革委住房城乡建设部绿色建筑行动方案的通知》（国办发〔2013〕1 号）有关要求，加快推广应用高性能混凝土，住房和城乡建设部标准定额司委派中国建筑科学研究院作为主编单位，会同国内有关单位编写完成了《高性能混凝土应用技术指南》（以下简称《指南》）。

在《指南》编写过程中，编制组进行了广泛的调研工作，总结了高性能混凝土应用的实践经验，结合我国建设工程的实际情况与混凝土相关标准进行了协调，并广泛听取了意见。《指南》内容具有合理性和可操作性，可以起到技术导向和指导实践的作用。

《指南》共分 8 章，各章分别为：总则、名词解释、性能要求、结构设计要求、原材料要求、配合比设计、生产与施工技术要求、检验与验收。

《指南》有助于对高性能混凝土的理解，可以作为培训教材起到技术普及的作用，主要面向从事混凝土领域工作的设计、生产、施工、监理、质检、科研与教学的专业技术人员和技术管理人员。

在《指南》出版之际，特向支持《指南》编写的住房和城乡建设部、工业和信息化部的有关领导表示衷心感谢！并向《指南》的编写和审查人员以及关心和帮助《指南》编写的所有人员致以真诚的感谢！

欢迎读者对《指南》提出宝贵意见或建议，信件可寄送：高性能混凝土推广应用技术指导组办公室（地址：北京北三环东路 30 号，中国建筑科学研究院，邮编：100013）。

《高性能混凝土应用技术指南》编委会

2014 年 11 月 15 日

目　录

第1章 总 则

1.0.1 编制目的

本指南的编制目的主要有以下 4 个方面：

1. 指导高性能混凝土的生产与推广应用，提升混凝土行业技术水平，保证工程质量；
2. 延长建筑物使用寿命，降低混凝土工程全寿命周期的综合成本；
3. 促进资源科学合理化利用和节能减排，发展资源节约型和环境友好型混凝土材料；
4. 淘汰落后的混凝土生产方式，推动混凝土产业结构调整与升级。

【讲解说明】

吴中伟院士在《高性能混凝土》一书中阐述："高性能混凝土是一种新型高技术混凝土，是在大幅度提高普通混凝土性能的基础上采用现代混凝土技术制作的混凝土，它以耐久性作为设计的主要指标。针对不同用途的要求，高性能混凝土对下列性能有重点地予以保证：耐久性、工作性、适用性、强度、体积稳定性、经济型。""高性能混凝土不仅是对传统混凝土的重大突破，而且在节能、节料、工程经济、劳动保护以及环境等方面都具有重要意义，是一种环保型、集约型的新材料，可称为'绿色混凝土'，它将为建筑自动化准备条件。"

混凝土是当今最大宗的建筑材料，也是最大宗的结构材料，一直是支撑我国建设发展的关键性材料之一。目前我国混凝土年产量已经超过 40 亿 m^3，是世界上混凝土产量和用量最大的国家。但是，我国混凝土质量却存在许多问题，例如在原材料方面：混凝土原材料中的细骨料质量下降，主要是由于河砂已经不能支撑建设所需混凝土规模的需求，河砂逐步匮乏，供应混凝土用的河砂变细，含泥量、杂质和石子含量大，质量越来越差。虽然机制砂取代河砂是大势所趋，但是，由于机制砂生产装备落后，导致混凝土用机制砂的石粉含量高，粒型和级配差，质量很差。再者，我国混凝土用砂主要是个体生产，又都是小规模生产，并无人管理，基本处于失控状态，所以，混凝土用砂的质量不能保证，直接影响了混凝土质量；混凝土原材料中的矿物掺合料质量下降，主要也是由于优质的粉煤灰和矿渣粉等矿物掺合料供不应求，于是出现造假、掺假、以次充好、降低质量水平、乱掺等现象，应用者掺用矿物掺合料的目的主要是降低成本，很少考虑技术要求，为了追求经济利益，往往过掺价低质差的矿物掺合料，直接影响了混凝土质量。又如在混凝土施工方面：由于施工人员主要是农民工，缺乏专业技术知识及其相应的培训，不仅操作水平差，而且存在违规操作，例如在浇筑混凝土时加水，浇筑混凝土后缺乏养护等，导致混凝土发生事故或质量问题。上述方面只是影响混凝土质量的部分问题，实际上还有许多其他影响混凝土质量的重要问题，推广应用高性能混凝土对解决混凝土质量的重要问题具有实际意义，也是编制本指南的重要目的。

以往建筑重视混凝土强度，随着混凝土技术和科学理念的进步，混凝土耐久性逐步得到重视，尤其在西方发达国家。混凝土耐久性的提高，将延长建筑物的使用寿命，减少建筑物运行期间的维修成本，大大降低工程全寿命周期的综合成本，是极大的资源节约、环境保护和可持续发展。美国等发达国家有关调查统计表明，由于混凝土劣化和耐久性不足导致结构损坏产生的维修成本有些超过初建投入，如果重建则更不用说了。我国近年来虽然开始重视混凝土耐久性，但是在工程实际中，落实往往不足，混凝土耐久性技术实施和耐久性质量检验不到位，混凝土工程的耐久性质量并未得到提高，许多重要工程过早就进行维修。当然，这与前面所述的混凝土质量问题是一脉相承的。高性能混凝土的重要特点就是耐久性技术，推广高性能混凝土对于提高混凝土耐久性，延长建筑物使用寿命，降低工程全寿命周期的综合成本，节约资源和可持续发展具有重要作用。

我国混凝土生产基本是粗放的，绝大多数是开放性生产，因此资源利用和控制污染成为我国混凝土生产的薄弱环节。目前，我国环境污染形势严峻，粉尘、废弃物和水土污染等方面的污染受到高度重视，生态环境应成为立国之本之一。我国混凝土生产在精细化生产、粉尘控制、废弃物排放等方面与发达国家差距很大，例如：《加拿大预拌混凝土工业环境管理指南》规定，当混凝土企业的大气污染物年排放量超过限值时，应向环境保护部提交 NPRI 报告，并规定了大气污染物排放限值。在我国，这项工作处于起步阶段，住房和城乡建设部行业工程标准《预拌混凝土绿色生产及管理技术规程》JGJ/T 328 编制完毕并已发布。该标准规定了大气污染物排放限值，鉴于我国实际情况，排放指标不可能一步到位。再有，我国混凝土企业生产废水、废浆、废弃混凝土的处理再生利用，节约资源并实现零排放的企业比例非常低，可以说刚起步，但任务却十分迫切。生态环境作为一项立国之本，环境友好应是高性能混凝土的属性之一。因此，高性能混凝土应为环境友好型材料，本《指南》将混凝土绿色生产纳入高性能混凝土生产要求的内容，并作为本《指南》编制目的之一，是十分必要的。

近年来，预拌混凝土搅拌站数量、产能、产量快速增加，目前出现了产能严重过剩的现象；但企业的集约化程度较低，以中小型企业为主，生产和管理手段相对落后，缺乏技术创新；缺少相关专业技术人才，对专业技术人才的培养理念较为淡薄；市场竞争激烈，利润微薄、垫资较多，这些问题，影响了行业的健康发展。高性能混凝土在原材料选用、配制制作和施工操作等方面都与原有粗放、凑合的生产方式有明显的不同，尤其在加大投入发展装备，提高产业集中度，淘汰落后，通过精细化生产，制作上档次、高质量产品方面更为突出。在原材料制作和优选、提高混凝土性能尤其是耐久性能、混凝土绿色生产、提高施工水平等重要方面，都与先进的生产方式和现代装备以及相应管理紧密相连，没有这些基础，推广应用高性能混凝土是有难度的，如果建立了先进的生产方式和现代装备以及相应的管理，产品档次和质量会有本质上的改善，进而推进产业结构调整与升级，改变过去粗放的、低水平的、装备落后的、低资源效率的、廉价低质量竞争的运行模式。因此，推广高性能混凝土对于推动混凝土及建筑业的产业结构调整与升级具有重要意义。

1.0.2 指导思想

针对高性能混凝土在实际工程中推广应用的技术需求，借鉴国内外高性能混凝土应用的成功经验和先进成果，结合我国有关标准规范的技术要求，指导技术人员通过选用优质常规原材料及其控制技术、矿物掺合料和外加剂掺用技术、较低水胶比和合理胶凝材料用量等配合比优化技术、预拌和绿色生产方式以及严格的施工措施，制成符合工程要求和本指南控制要求，具有优异拌合物性能、力学性能、长期和耐久性能的混凝土，从而实现本指南的编制目的。

【讲解说明】

编制高性能混凝土应用技术指南涉及具体指标的确定和操作方面的规定等，用以指导实践，这需要大量工作基础的支撑。在借鉴国内外高性能混凝土应用的成功经验和先进成果方面，国内外有许多采用高性能混凝土的工程经验，也有许多提出重要的论证和观点的文献资料，还有许多针对性的研究项目成果，这些都具有重要的价值，有借鉴意义，例如中国建筑科学研究院承担的科技部《绿色高性能混凝土关键技术研究》研究项目，就在外加剂和掺合料应用技术、高性能混凝土收缩开裂性能及抑制措施、高性能混凝土脆性能及改善措施、高性能混凝土抗硫酸盐腐蚀性能、荷载作用下混凝土抗氯离子渗透性、城市再生水与搅拌站循环水应用等方面进行了研究，许多研究成果已成功实现了实际工程应用。国内有关标准规范对编制高性能混凝土应用技术指南具有重要价值，具体标准可参见本章第1.0.5条技术依据，另有类似名称标准如我国的《高性能混凝土应用技术规程》CECS 207：2006，又如美国的《桥梁高性能混凝土规范及实践》等。

高性能混凝土的内涵丰富，目前的共识至少有以下方面：

1. 高性能混凝土强调应以工程所需性能为目标，根据工程类别、结构部位和服役环境的不同，提供"个性化"和"最优化"的混凝土；

2. 高性能混凝土可采用常规材料和工艺生产，保证混凝土结构所要求的各项力学性能，并具有高耐久性、良好的工作性和体积稳定性。"性能"是一个综合的概念，而不仅仅是单一的某项性能指标；

3. 高性能混凝土不排斥具体场合对强度要求不高，而对其他性能要求极高的混凝土；

4. 高性能混凝土强调原材料优选、配合比优化、严格生产施工措施、强化质量检验等全过程质量控制的理念；

5. 高性能混凝土强调绿色生产方式和资源的合理利用（如粉煤灰、矿渣粉、尾矿等的利用），最大限度地减少水泥熟料用量，实现节能减排和环境保护的可持续发展战略。

随着技术的进步、经济和社会的发展，人们对高性能混凝土的认识不断深化，其定义和内涵也在不断发展完善。高性能混凝土概念反映了现阶段对现代混凝土技术发展方向的认识，代表着混凝土技术发展的方向和趋势，应充分把握这一大局。

1.0.3 基本要求

本指南的基本要求有以下几点：

1. 突出高性能混凝土的技术特点；

2. 具有科学性、先进性和可操作性；

3. 与我国有关政策法规和技术标准规范相协调；

4. 具有指导性，可以起到技术普及的作用。

【讲解说明】

为了保证本指南提出的具体技术要求一方面能真实反映国内外当前高性能混凝土研究与应用领域的先进技术水平，一方面能充分契合我国国情实际以及建筑业，特别是混凝土行业中长期发展规划，明确提出了贯穿本指南的核心基本要求。

对于高性能混凝土，国外早期观点认为应具有高工作性、高强度及高耐久性。后来，ACI（美国混凝土协会）在对高性能混凝土的注释中指出了其可能比较关键的特性包括：

易于浇筑、振捣过程中不产生离析、早期强度、长期强度与力学性能、渗透性、密度、水化热、韧性、体积稳定性、严酷环境下的长期寿命。可以看出，国外对于高性能混凝土的技术特点已经淡化了高强度这一指标要求，摆脱了"高强即高性能，高性能必高强"的这一简单认识，重点关注工作性、长期和耐久性能等。我国 2006 年颁布的《高性能混凝土应用技术规程》CECS 207：2006 中，也明确了适合于我国工程应用实际情况的高性能混凝土的技术特征，即在保证混凝土结构所要求的各项力学性能的前提下，混凝土具有高耐久性、高工作性和高体积稳定性。这也和国际上提出高性能混凝土的技术特点一致。

上述关键技术特点也在本指南中重点明确并作相关具体规定，同时针对性地进行上下游技术延伸，本指南中对高性能混凝土的结构设计、原材料、配合比设计、生产与施工技术、检验与验收这几个主要方面提出了明确细致的技术要求，这些具体条文的提出一方面基于大量可靠的国内外相关研究与应用成果，确保了本《指南》的科学性与先进性；另一方面充分结合我国混凝土设计、生产、施工实际水平，保证了本《指南》的可操作性。

高性能混凝土的推广应用符合国家政策法规层面的实际需求。《国务院关于化解产能严重过剩矛盾的指导意见》（国发〔2013〕41 号）、《国务院办公厅关于转发发展改革委住房城乡建设部绿色建筑行动方案的通知》（国办发〔2013〕1 号）两个文件提出了加快推广应用高性能混凝土的有关要求。为落实文件要求，2013 年 12 月，住房和城乡建设部、工业和信息化部联合发文《关于成立高性能混凝土推广应用技术指导组的通知》（建标实函〔2013〕133 号），由行业内专家组成高性能混凝土推广应用技术指导组，在材料及制品生产、结构设计施工和政策及标准规范领域开展具体工作。除此以外，国家持续倡导可持续发展，发展循环经济、推行清洁生产等，都为高性能混凝土实现推广应用提供了强有力的政策法规支撑。随着我国混凝土行业的不断发展进步，高性能混凝土相关生产应用技术也日趋成熟，相关的技术细节也随着具体标准规范的制修订工作而融入其中。这些标准规范也成为推动高性能混凝土行业发展的最有效技术支撑。为了有效确保本《指南》的可操作性，在编制中与国家现行相关标准进行了充分协调统一，主要涉及的标准规范参见本章第 1.0.5 条。

长期以来，由于业主、设计、生产、施工、监理等相关方面对高性能混凝土的认识和理解不同，造成了技术推广工作难以推开。本《指南》旨在消除这一认知上的隔阂，从各个具体的技术细节入手，达成各相关方面关于高性能混凝土应用的统一认识，体现本《指南》技术内容的普遍指导性，从而实质有效地推进实现我国高性能混凝土应用的常规化。

1.0.4 适用范围

本《指南》适用于高性能混凝土的性能控制、结构设计、原材料控制、配合比设计、生产与施工技术、检验与验收。

【讲解说明】

本《指南》的适用范围主要是建筑工程和市政工程。本《指南》对其他建设行业也有参考应用的价值。

我国目前正处于工业化和城镇化快速发展的时期，各种建筑和基础设施建设工程量巨大。现代混凝土结构也向着高层、大跨、超深、特种结构等方向发展。国内许多标志性建筑物都采用了高性能混凝土，如上海环球金融中心、广州国际金融中心、天津 117 大厦等。

同时，市政工程建筑对混凝土性能提出了更高的要求，如须具有更大的承载力以及能够抵御严寒、炎热、雨雪等较严酷的使用环境。高性能混凝土以其优越的性能广泛应用于道路桥梁等公共设施，已在市政工程领域获得了业界的广泛关注。

此外，高性能混凝土也在其他建设行业实现了相当规模的成功应用，其中典型应用工程实例包括三峡工程、青藏铁路、南水北调工程、田湾核电站等。

今后，高性能混凝土必将在更广阔的行业范围内获得应用，特别是对于工程质量、应用环境和使用性能有更高、更具体要求的建设工程，如以下方面：

1. 海洋工程。中国有 18000km 海岸线，沿海城市一直是中国改革开放的重点和目前经济最发达地区。在《"十二五"海洋科学技术发展规划》中明确支持地区沿海经济发展，这为高耐久性的海工混凝土材料和结构的规模化应用提供了契机。

在海洋工程中，高性能混凝土用于大跨桥梁的建造，有利于延长桥梁的使用年限和获得更好的经济效益。在海港工程中，采用高性能混凝土建造码头、防波堤、护岸、海上钻井平台等，对保证结构安全性和耐久性可发挥重要作用。为了我国海港工程建设发展需要，交通运输部组织制定了《海港工程高性能混凝土质量控制标准》JTS 257-2-2012，为进一步在海洋工程中推广高性能混凝土应用提供了必要的技术支撑。

2. 交通工程。预计到 2020 年，我国要投入 20000 亿人民币用于铁路建设，其中建设 12000km 的高铁客运专线，为了满足高铁工程对混凝土耐久性的特殊要求，将大量使用高性能混凝土。同时，我国道路桥涵工程的耐久性也格外受到重视，高性能混凝土非常适合这类工程采用。这些实际需求为高性能混凝土在交通行业领域的进一步应用创造了有利条件。

3. 水电工程。目前国家政府大力发展可再生能源，水电工程建设持续保持高速发展，继三峡大坝之后，类似规模的水电工程都在相继规划、设计或已开工建设。水工混凝土的耐久性和安全性长期以来一直受到高度重视，高性能混凝土有良好的应用基础。

4. 核电工程。由于核电工程自身的特殊性，对混凝土结构设施的安全性具有更加具体、更加严苛的要求，高性能混凝土因其自身优异的性能在核电工程中也有应用需求，如用于屏蔽结构的防辐射重混凝土以及用于对安全性和耐久性要求高的的安全壳等重要结构。

1.0.5 主要技术依据

1. 《混凝土结构设计规范》GB 50010
2. 《建筑抗震设计规范》GB 50011
3. 《普通混凝土拌合物性能试验方法标准》GB/T 50080
4. 《普通混凝土力学性能试验方法标准》GB/T 50081
5. 《普通混凝土长期性能和耐久性能试验方法标准》GB/T 50082
6. 《混凝土强度检验评定标准》GB/T 50107
7. 《混凝土外加剂应用技术规程》GB 50119
8. 《混凝土质量控制标准》GB 50164
9. 《混凝土结构工程施工质量验收规范》GB 50204
10. 《建筑结构检测技术标准》GB/T 50344
11. 《混凝土结构耐久性设计规范》GB/T 50476

12.《大体积混凝土施工规范》GB 50496

13.《混凝土结构工程施工规范》GB 50666

14.《预防混凝土碱骨料反应技术规范》GB/T 50733

15.《矿物掺合料应用技术规范》GB/T 51003

16.《通用硅酸盐水泥》GB 175

17.《中热硅酸盐水泥 低热硅酸盐水泥 低热矿渣硅酸盐水泥》GB 200

18.《用于水泥和混凝土中的粉煤灰》GB/T 1596

19.《建筑材料放射性核素限量》GB 6566

20.《混凝土外加剂》GB 8076

21.《混凝土外加剂匀质性试验方法》GB/T 8077

22.《混凝土搅拌站（楼）》GB/T 10171

23.《道路硅酸盐水泥》GB 13693

24.《建设用砂》GB/T 14684

25.《建设用卵石、碎石》GB/T 14685

26.《预拌混凝土》GB/T 14902

27.《轻集料及其试验方法》GB/T 17431

28.《用于水泥和混凝土中的粒化高炉矿渣粉》GB/T 18046

29.《高强高性能混凝土用矿物外加剂》GB/T 18736

30.《用于水泥和混凝土中的钢渣粉》GB/T 20491

31.《混凝土膨胀剂》GB 23439

32.《用于水泥和混凝土中的粒化电炉磷渣粉》GB/T 26751

33.《砂浆和混凝土用硅灰》GB/T 27690

34.《石灰石粉混凝土》GB/T 30190

35.《混凝土泵送施工技术规程》JGJ/T 10

36.《轻骨料混凝土结构技术规程》JGJ12

37.《轻骨料混凝土技术规程》JGJ 51

38.《普通混凝土用砂、石质量及检验方法标准》JGJ 52

39.《普通混凝土配合比设计规程》JGJ 55

40.《混凝土用水标准》JGJ 63

41.《补偿收缩混凝土应用技术规程》JGJ/T 178

42.《混凝土耐久性检验评定标准》JGJ/T 193

43.《海沙混凝土应用技术规程》JGJ 206

44.《纤维混凝土应用技术规程》JGJ/T 221

45.《人工砂混凝土应用技术规程》JGJ/T 241

46.《高强混凝土应用技术规程》JGJ/T 281

47.《自密实混凝土应用技术规程》JGJ/T 283

48.《混凝土中氯离子含量检测技术规程》JGJ/T 322

49.《预拌混凝土绿色生产及管理技术规程》JGJ/T 328

50.《水泥砂浆和混凝土用天然火山灰质材料》JG/T 315

【讲解说明】

作为混凝土工作者，熟悉混凝土标准体系是一个重要的工作方法。本《指南》几乎涉及了混凝土领域的所有重要标准规范，在正文的技术依据中列出。所列出的标准规范可以作为索引，引导读者在遇到问题或技术需求时便于迅速找到工具和依据。学习和领会标准规范有助于提高专业技术水平，尤其有利于推广应用高性能混凝土，例如掌握高性能混凝土采用的标准规范中高于一般混凝土的有关技术要求是十分重要的。

由于近年来我国对标准工作的重视，标准制修订工作进展很快，在此，扼要介绍一下这方面的情况。

《通用硅酸盐水泥》GB 175—2007 为现行国家标准。2013 年 10 月 14 日国务院出台了《关于化解产能过剩指导意见》，指出加快制修订水泥、混凝土产品标准和相关设计规范，推广使用高标号水泥和高性能混凝土，尽快取消 32.5 复合硅酸盐水泥产品标准，逐步降低 32.5 复合硅酸盐水泥使用比重。因此，全国水泥标准化技术委员会于 2014 年 4 月 23 日～4 月 25 日在北京召开会议，通过对《通用硅酸盐水泥》GB 175—2007 的审查意见：以《通用硅酸盐水泥》GB 175—2007 修改单的形式取消 32.5 复合硅酸盐水泥，暂时保留 32.5R 早强型复合硅酸盐水泥。

国家现行标准《砂浆和混凝土用硅灰》GB/T 27690—2011 已于 2012 年 8 月 1 日起实施。硅灰作为掺合料用于制备混凝土，特别是高强高性能混凝土已有相当一段时间，硅灰的重要作用已经获得业内普遍认可。该标准的发布实施利于进一步推广和规范硅灰在建筑领域的应用。10 年以前，在《高强高性能混凝土用矿物外加剂》GB/T 18736—2002 中也有对硅灰的一些技术要求。

新修订的国家标准《混凝土外加剂应用技术规程》GB 50119—2013 已于 2014 年 3 月 1 日起实施，距上一版标准（GB 50119—2003）已有十年时间。本次修订中增加了与高性能混凝土用外加剂等相关技术内容，如聚羧酸系高性能减水剂和阻锈剂相应的技术内容。

按照行业主管部门要求，国家现行标准《普通混凝土用砂、石质量及检验方法标准》JGJ 52—2006 将于 2015 年正式启动标准修订工作。

现行国家标准《轻集料及其试验方法》GB/T 17431 分为两个部分，即第 1 部分：轻集料（GB/T 17431.1—2010）和第 2 部分：轻集料试验方法（GB/T 17431.2—2010）。该版本距上一版（GB/T 17431—1998）已有十余年时间。该版本重点修订了轻骨料的密度等级上限、增加了粗细混合轻骨料级配的技术指标、增加了轻骨料中氯化物含量的技术要求、更正了表观密度计算公式等关键技术要求，保证适应当前轻骨料混凝土的生产应用技术水平。

国家现行标准《普通混凝土配合比设计规程》JGJ 55—2011 于 2011 年正式发布实施，距上一版标准（GB 50119—2000）已有十余年时间。新修订标准体现了与高性能混凝土相关技术内容，包括增加并突出了混凝土耐久性的规定、增加了高强混凝土配制的相关规定等。

《普通混凝土拌合物性能试验方法标准》GB/T 50080—2002 已于 2013 年正式启动修订工作。

按照行业主管部门要求，国家现行标准《普通混凝土力学性能试验方法标准》GB/T 50081—2002 将于 2015 年正式启动标准修订工作。

现行国家标准《混凝土结构工程施工规范》GB 50666—2011 于 2012 年正式发布实施。本规范是混凝土结构工程施工的通用标准，提出了混凝土结构工程施工管理和过程控制的基本要求。本规范在控制施工质量的同时，为贯彻执行国家技术经济政策，反映建筑领域可持续发展理念，加强了节能、节地、节水、节材与环境保护等要求。本规范积极采用了新技术、新工艺、新材料。

现行国家标准《混凝土结构工程施工质量验收规范》GB 50204—2002 已于 2011 年正式启动修订工作，2014 年初通过审查验收待发布实施。

新修订国家标准《预拌混凝土》GB/T 14902—2012 已于 2013 年 9 月 1 日起实施，距上一版标准（GB/T 14902—2003）已有十余年时间。新修订标准增加与高性能混凝土相关技术规定，包括修订了特制品的混凝土种类，包含了高强混凝土、自密实混凝土、轻骨料混凝土和重混凝土等；增加了混凝土的耐久性能等级；将最大混凝土强度等级提高到 C100 等。

新制定行业标准《预拌混凝土绿色生产及管理技术规程》JGJ/T 328—2014 于 2014 年 10 月 1 日起实施，本标准旨在规范预拌混凝土绿色生产及管理技术，保证混凝土质量并满足节地、节能、节材、节水和环境保护要求，做到技术先进、经济合理、安全适用。

按照行业主管部门要求，国家现行标准《轻骨料混凝土技术规程》JGJ 51—2002 和《轻骨料混凝土结构技术规程》JGJ 12—2006 将于 2015 年正式启动标准修订工作，这两本标准将进行合并。

新制定行业标准《高强混凝土应用技术规程》JGJ/T 281—2012 已于 2012 年 11 月 1 日起实施，本标准涵盖了高强混凝土的原材料控制、性能要求、配合比设计、施工和质量检验。

新制定国家标准《石灰石粉混凝土》GB/T 30190—2013 于 2014 年 9 月 1 日起实施；《石灰石粉在混凝土中应用技术规程》JGJ/T 318—2014 于 2014 年 10 月 1 日起实施。这两本标准将为石灰石粉在混凝土中的应用起到积极规范引导作用。

新制定行业标准《混凝土中氯离子含量检测技术规程》JGJ/T 322—2013 于 2014 年 6 月 1 日起实施，本标准规定了适用于混凝土拌合物、硬化混凝土中氯离子含量的检测技术。

第2章 名词解释

2.0.1 高性能混凝土

以建设工程设计、施工和使用对混凝土性能特定要求为总体目标，选用优质常规原材料，合理掺加外加剂和矿物掺合料，采用较低水胶比并优化配合比，通过预拌和绿色生产方式以及严格的施工措施，制成具有优异的拌合物性能、力学性能、耐久性能和长期性能的混凝土。

【讲解说明】

对于正文中高性能混凝土的名词解释，分以下几个方面做进一步说明：

1. 高性能混凝土是针对工程具体要求，尤其是针对特定要求而制作的混凝土。例如针对典型腐蚀环境条件须按相应的耐久性能要求而制作的混凝土；又如针对钢筋密集的结构部位须采用免振捣施工的自密实性能要求制作的混凝土等；再者，也可以针对常规情况但对混凝土有较高技术性能要求而制作的混凝土等。

传统上习惯于采用强度作为工程设计和施工的总体目标，而高性能混凝土则强调综合性能：不仅仅重视强度，还重视施工性能、长期性能和耐久性能。例如：对于某一海洋工程混凝土结构，高性能混凝土强度可与常规混凝土差异不大，但长期和耐久性能则大为不同，尤为优异；又如：某一配筋密集不利于振捣的工程结构，高性能混凝土强度可与常规混凝土差异不大，但拌合物性能尤为优异，可以免振捣自密实。

2. 合理选用优质的常规原材料，按本《指南》要求，某些原材料不仅仅应满足标准的基本要求，还须达到较高的指标要求，比如用于高性能混凝土的粉煤灰为Ⅱ粉煤灰，而Ⅲ级粉煤灰虽符合标准要求，但未列入适于制备高性能混凝土的优质原材料。再者，合理选用及应用技术十分重要，即便采用的是优质原材料，但应用技术不对，也不能发挥作用，比如严寒地区抗冻要求的混凝土宜采用硅酸盐水泥或普通硅酸盐水泥，而不是其他品种的通用硅酸盐水泥。

3. 采用"双掺"技术。在混凝土中掺加外加剂和矿物掺合料推动了混凝土技术的发展，也是高性能混凝土的基础，但与常规混凝土有所不同的是，高性能混凝土宜采用高性能减水剂，并强调合理采用矿物掺合料品种和掺量。

4. 采用较低水胶比，是高性能混凝土技术关键之一。一般来说，在不与混凝土拌合物施工性能和硬化混凝土抗裂性能相抵触的前提下，低水胶比的混凝土性能相对较高。本《指南》推荐高性能混凝土最大水胶比为0.45，主要考虑：①水胶比以满足高性能混凝土性能的技术目标为好，不必要一味追求低水胶比；②应涵盖部分施工性能、力学性能、耐久性能（含抗裂）、长期性能、经济性等综合情况较好，且应用面较广的混凝土，从而有利于提高混凝土行业整体水平。

5. 优化配合比，也是高性能混凝土技术关键之一。优化配合比是具体操作的重要部分，主要体现在配合比设计的试配阶段，通过试验、调整和验证，使配合比可以实现高性能混凝土的性能要求，并且具有良好的经济性。虽然原材料不过水泥、矿物掺合料、骨料、外加剂、水这几项，但针对不同特定目标要求，各个原材料的不同用量的配合比例却变化不同，所谓：味不过五，五味之变，不可胜尝也。因此，无论工程要求的混凝土性能对配合比要求有何不同，配合比都应进行优化并符合技术规律，这是实现高性能混凝土的必由之路。

6. 采用绿色预拌生产方式进行绿色生产。高性能混凝土应采用预拌混凝土生产方式，以确保生产质量控制水平以及产品生产质量。绿色生产内容主要包括节约资源和环境保护，是当今生产技术的基本要求，也是高性能混凝土必须遵循的。

7. 采用严格的施工措施，精心施工，严格管理，是实现高性能混凝土的重要手段，也是制作高性能混凝土的重要环节。

8. 高性能混凝土应符合本指南的技术要求。本《指南》分章节阐述了高性能混凝土主要技术内容和制作要领，如果说用简要的名词解释难以全面表述高性能混凝土的涵义，则本《指南》基本可以作为一个详尽的解读。也可以说，符合本《指南》的技术要求的混凝土可以成为高性能混凝土。

2.0.2 特制品高性能混凝土

特制品高性能混凝土是符合高性能混凝土技术要求的特制品混凝土。特制品混凝土系指《预拌混凝土》GB/T 14902 中给出的轻骨料混凝土、高强混凝土、自密实混凝土、纤维混凝土和重混凝土。特制品混凝土代号 B，其种类及强度等级代号见表 2.0.2。特制品混凝土标记方法应符合《预拌混凝土》GB/T 14902 的规定。

特制品混凝土种类及强度等级代号　　　　　　　　　　　表 2.0.2

混凝土种类	高强混凝土	自密实混凝土	纤维混凝土	轻骨料混凝土	重混凝土
混凝土种类代号	H	S	F	L	W
强度等级代号	C	C	C（合成纤维混凝土）CF（钢纤维混凝土）	LC	C

【讲解说明】

《预拌混凝土》GB/T 14902 中分类规定：预拌混凝土分为常规品和特制品。特制品包括的混凝土种类有轻骨料混凝土、高强混凝土、自密实混凝土、纤维混凝土和重混凝土；常规品为除特制品以外的普通混凝土。

轻骨料混凝土、高强混凝土、自密实混凝土、纤维混凝土和重混凝土的名词解释如下：

1. 轻骨料混凝土：用轻粗骨料、轻砂或普通砂等配制的干表观密度不大于 1950kg/m³ 的混凝土；

2. 高强混凝土：强度等级不低于 C60 的混凝土；

3. 自密实混凝土：无需振捣，能够在自重作用下流动密实的混凝土；

4. 纤维混凝土：掺加钢纤维或合成纤维作为增强材料的混凝土；

5. 重混凝土：用重晶石、磁铁矿、褐铁矿、铁砂（丸）等重骨料配制的干表观密度大于 2800kg/m³ 的混凝土。

第3章 性能要求

3.1 拌合物性能要求

3.1.1 技术要求

1. 稠度等级划分

高性能混凝土拌合物坍落度和扩展度的等级划分应符合表 3.1.1-1 和表 3.1.1-2 的规定，施工设计可根据施工要求在适当稠度等级中选用控制目标值——坍落度值和扩展度值。

混凝土拌合物的坍落度等级划分   表 3.1.1-1

等　级	坍落度（mm）
S1	10～40
S2	50～90
S3	100～150
S4	160～210
S5	≥220

混凝土拌合物的扩展度等级划分   表 3.1.1-2

等　级	扩展直径（mm）
F1	≤340
F2	350～410
F3	420～480
F4	490～550
F5	560～620
F6	≥630

2. 稠度的允许偏差

施工要求的混凝土拌合物稠度是通过控制其稠度允许偏差来实现的，混凝土稠度实测值应在控制目标值的允许偏差之内。高性能混凝土稠度允许偏差应满足表 3.1.1-3 的要求。

混凝土拌合物坍落度和扩展度的允许偏差   表 3.1.1-3

项　目	控制目标值（mm）	允许偏差（mm）
坍落度	≤40	±10
	50～90	±20
	100～150	±20
	≥160	±30
扩展度	≥500	±30

3. 常规品的泵送高性能混凝土坍落度控制目标值不宜大于 180mm，并应满足施工要求，坍落度经时损失不宜大于 30mm/h。

4. 特制品高性能混凝土稠度以及其他性能控制宜符合以下要求：

(1) 泵送高强高性能混凝土坍落度控制目标值宜在 S5 等级中选用，1h 坍落度应无损失，扩展度不宜小于 500mm，倒置坍落度筒排空时间宜控制在 5～20s；

(2) 自密实高性能混凝土扩展度不宜小于 600mm，1h 扩展度应无损失；扩展时间 T500 不宜大于 8s；坍落度扩展度与 J 环扩展度差值不宜大于 25mm；离析率不宜大于 15%；

(3) 泵送轻骨料高性能混凝土坍落度控制目标值不宜大于 210mm，坍落度经时损失不宜大于 30mm/h；拌合物中的轻骨料不明显上浮；

(4) 泵送钢纤维高性能混凝土坍落度控制目标值宜在 S4 等级中选用，坍落度经时损失不宜大于 30mm/h；合成纤维高性能混凝土坍落度控制目标值不宜大于 180mm，坍落度经时损失不宜大于 30mm/h；纤维高性能混凝土拌合物中的纤维应分布均匀，不出现结团现象，钢纤维高性能混凝土拌合物中纤维体积率应符合试验要求。

5. 高性能混凝土拌合物的凝结时间应满足施工要求和混凝土性能要求。

6. 高性能混凝土拌合物中水溶性氯离子最大含量应符合表 3.1.1-4 的要求。

高性能混凝土拌合物中水溶性氯离子最大含量　　　　表 3.1.1-4

环境条件	水溶性氯离子最大含量（水泥用量的质量百分比，%）	
	钢筋混凝土	预应力混凝土
干燥环境	0.30	
潮湿但不含氯离子的环境	0.20	0.06
潮湿而含有氯离子的环境、盐渍土环境	0.10	
除冰盐等侵蚀性物质的腐蚀环境	0.06	

7. 对于无抗冻要求的一般环境条件，掺用引气剂或引气型外加剂高性能混凝土拌合物的含气量宜符合表 3.1.1-5 的要求。

高性能混凝土含气量　　　　表 3.1.1-5

粗骨料最大公称粒径（mm）	混凝土含气量（%）
20	≤5.5
25	≤5.0
40	≤4.5

注：含气量从运至施工现场的新拌混凝土中取样用含气量测定仪（气压法）测定，允许误差不应大于±1.0%。

【讲解说明】

高性能混凝土拌合物的坍落度、扩展度的等级划分以及稠度允许偏差与普通混凝土相同。允许偏差是指可以接受的实测值与控制目标值（也可理解为设计值）的差值。以拌合物坍落度控制目标值 180mm 为例，本《指南》表 3.1.1-3 规定其允许偏差为 30mm，则实际控制范围应为 150～210mm。

混凝土的坍落度较大时，混凝土的干缩性一般较大，对混凝土的体积稳定性不利，混凝土容易开裂，混凝土坍落度较小时，不易泵送施工，因此，混凝土的坍落度宜根据结构的情况和施工工艺要求确定，在满足施工工艺要求的前提下，宜尽可能采用较小的坍落度；泵送高性能混凝土拌合物坍落度控制目标值不宜大于180mm。

混凝土坍落度经时损失是高性能混凝土拌合物性能的重要方面，在现行国家标准《混凝土质量控制标准》GB 50164—2011中规定了标准的试验方法，该标准中规定以测定经过1h的坍落度损失为标准做法。如果工程需要，也可参照此方法测定经过不同时间的坍落度损失。

对于特制品的高性能混凝土稠度以及其他拌合物性能的控制，简述以下4点：

1. 试验研究和工程实践表明，泵送高强高性能混凝土拌合物性能在本条给出的指标范围内，即能较好地满足泵送施工要求和硬化混凝土的各方面性能，并在一般情况下，泵送高强高性能混凝土坍落度220～250mm，扩展度500～600mm，坍落度经时损失值0～10mm，对工程有比较强的适应性。泵送高强高性能混凝土拌合物黏度较大，倒置坍落度筒排空时间指标的设置主要是针对高强高性能混凝土黏性，排空时间控制在5～20s，有利于控制拌合物黏度并顺利泵送施工，并且使大高程泵送的泵压不至于过高。

2. 扩展度可反映非限制状态下新拌混凝土的流动性，是检验新拌混凝土自密实性能的主要指标之一。T500时间是自密实混凝土流动性和填充性综合指标，同时，也在一定程度上反映黏度情况。J环扩展度试验可以表征自密实混凝土的间隙通过性。间隙通过性用来描述新拌混凝土流过具有狭口的有限空间（比如密集的加筋区），而不会出现分离或者堵塞的情况。抗离析性是保证自密实混凝土均匀性和质量的基本性能。自密实高性能混凝土应具有大流动性、较小黏性、良好的间隙通过性和抗离析性等性能。

3. 轻骨料混凝土坍落度损失较快，应控制其拌合物的坍落度经时损失值，轻骨料高性能混凝土坍落度经时损失值不宜大于30mm/h。轻骨料密度较小，骨料容易上浮，引起混凝土的分层离析，因此轻骨料高性能混凝土拌合物还应具有良好的黏聚性。

4. 钢纤维和增韧纤维配制的高性能混凝土应注意调配拌合物的和易性，并使之不离析。合成纤维高性能混凝土拌合物性能一般仅坍落度比普通混凝土稍微低一点，差异不大。纤维在混凝土中的分散性是决定纤维混凝土的拌合物性能的重要因素之一，纤维高性能混凝土拌合物中的纤维应分布均匀，不出现结团现象。

本《指南》关于各类环境条件下的混凝土中氯离子最大含量与现行国家标准《混凝土质量控制标准》GB 50164是协调的，也与欧美国家控制氯离子的趋势一致。测定混凝土拌合物中氯离子的方法，与测试硬化后混凝土中氯离子的方法相比，时间大大缩短，有利于混凝土质量控制。表3.1.1-4中的氯离子含量系相对混凝土中水泥用量的百分比，与控制氯离子相对混凝土中胶凝材料用量的百分比相比，偏于安全。

本《指南》关于混凝土中含气量规定是针对一般环境条件下高性能混凝土而言。处于潮湿或水位变动的寒冷和严寒环境以及盐冻环境的高性能混凝土可高于表3.1.1-5的规定，但最大含气量宜控制在7.0%以内。

试验研究表明，混凝土适当引气，可显著提高其抗冻性能，因此对于抗冻要求高的高性能混凝土，宜掺加适量的引气剂。然而，当混凝土中的含气量超过5%时，混凝土强度会到比较明显的影响，且混凝土强度离散性会增大。因此，在满足抗冻性能的前提下，应控制高性能混凝土中的含气量上限值。

影响混凝土中含气量的影响因素很多，除与引气剂掺量大小有关外，还与混凝土的水胶比、坍落度大小、拌合物黏稠状态、混凝土搅拌时间、运输时间、振捣时间等有关系，引气量过小，起不到应有的效果，引气量过大，会造成混凝土强度较大幅度的降低。引气混凝土对混凝土的生产、施工控制水平要求很高，具体到某个工程而言，需要综合考虑各方面因素并经过现场试验验证，才能确定引气剂的掺量。引气剂掺量极少，一般为胶凝材料的十万分之几到万分之几的范围内。

3.1.2 试验方法

1. 拌合物性能试验方法应符合现行国家标准《普通混凝土拌合物性能试验方法标准》GB/T 50080 的规定。

2. 坍落度经时损失试验方法应符合现行国家标准《混凝土质量控制标准》GB 50164 的规定。

3. 倒置坍落度筒排空试验方法应符合现行行业标准《高强混凝土应用技术规程》JGJ/T 281 的规定。

4. 扩展时间（T500）、J 环扩展度和离析率的试验方法应符合现行国家标准《普通混凝土拌合物性能试验方法标准》GB/T 50080 的规定。

5. 拌合物中水溶性氯离子含量测定方法应符合现行行业标准《混凝土中氯离子含量检测技术规程》JGJ/T 322 的规定。

6. 拌合物中纤维体积率试验方法应符合现行行业标准《纤维混凝土应用技术规程》JGJ/T 221 的规定。

3.2 力学性能要求

3.2.1 技术要求

1. 常规品高性能混凝土强度等级划分

高性能混凝土强度等级应按立方体抗压强度标准值（MPa）划分为 C30、C35、C40、C45、C50、C55。

2. 特制品高性能混凝土强度等级划分

（1）高强高性能混凝土强度等级应按立方体抗压强度标准值（MPa）划分为 C60、C65、C70、C75、C80、C85、C90、C95、C100。

（2）自密实高性能混凝土强度等级划分与常规品相同。

（3）钢纤维高性能混凝土强度等级应按立方体抗压强度标准值（MPa）划分为 CF35、CF40、CF45、CF50、CF55、CF60、CF65、CF70、CF75、CF80；合成纤维高性能混凝土强度等级划分与常规品相同。

（4）轻骨料高性能混凝土强度等级应按立方体抗压强度标准值（MPa）划分为 LC25、LC30、LC35、LC40、LC45、LC50、LC55、LC60；LC25 轻骨料高性能混凝土密度等级不宜大于 1400，其他强度等级轻骨料高性能混凝土密度等级应控制在 1400～1900 范围内。

3. 高性能混凝土抗压强度的评定按照现行国家标准《混凝土强度检验评定标准》GB/T 50107 执行。

4. 轻骨料高性能混凝土实行密度等级和强度等级双控，即密度等级制约强度等级，二者应同时满足设计要求。

5. 高性能混凝土轴压、弹模、抗折、抗拉、抗剪等其他力学性能应符合工程设计要求。

【讲解说明】

高性能混凝土的配制技术途径之一是采用低水胶比，以降低混凝土的孔隙率，提高混凝土的抗渗性，由于低强度等级的混凝土水胶比较大，因此高性能混凝土的强度等级不宜过低。从国内外的调研来看，常规品高性能混凝土的最低强度等级定为 C30 相对比较适宜。

统计数字表明，目前工程应用中 C30 混凝土占比例最大，为了高性能混凝土的推广应用，把常规品高性能混凝土的最低强度等级定为 C30 具有显著意义。

轻骨料高性能混凝土强度等级与密度等级关联，在工程中实行双控，在提到强度等级时不能不提到密度等级。

高性能混凝土抗压强度的评定仍按照现行国家标准《混凝土强度检验评定标准》GB/T 50107 进行，该标准规定了混凝土取样、试件的制作与养护、试验、混凝土强度检验与评定。

3.2.2 试验方法

力学性能试验方法应符合现行国家标准《普通混凝土力学性能试验方法标准》GB/T 50081 的规定。

3.3 耐久性能和长期性能要求

3.3.1 一般要求

混凝土耐久性能是指混凝土长期抵抗外部环境作用导致其劣化的能力，主要包括抗冻性能、抗渗性能、抗硫酸盐腐蚀性能、抗氯离子渗透性能、抗碳化性能等，衡量这些性能的技术指标主要包括抗冻等级、抗渗等级、抗硫酸盐等级、氯离子迁移系数、电通量、碳化深度等。

高性能混凝土的耐久性能应根据结构的设计使用年限、结构所处的环境类别及作用等级进行确定。同一结构中的不同构件或同一构件中的不同部位在所处的局部环境条件有差异时，耐久性指标应予区别对待。

【讲解说明】

混凝土结构所处的侵蚀性环境往往不是单一的，在各种典型侵蚀环境（如化学侵蚀、冻融）作用下，混凝土的耐久性能指标规定也是不同的，如当结构物处于硫酸盐腐蚀和冻融破坏环境时，应同时规定混凝土抗硫酸盐侵蚀等级和抗冻融循环指标，每种指标应根据相应的环境单独确定。高性能混凝土性能指标应同时满足每种环境类别及作用等级的要求。

混凝土的耐久性能指标确定属于工程的耐久性设计范畴，不同的工程，耐久性能要求不同。高性能混凝土的耐久性能应满足具体工程的耐久性能要求，针对某一具体工程而言，高性能混凝土的耐久性能指标确定需要考虑该工程的结构设计使用年限、结构部位、结构构件所处的环境类别及作用等级。

同一个结构物的不同结构部位（如混凝土工程结构的桩、承台、基础、梁、柱等构件）所处的环境类别和作用等级不同时，其耐久性要求也应有所差别，甚至同一构件的不同部位，如承台的下部与水接触部位和上部相对干燥部位，也会有不同的耐久性要求。高性能混凝土耐久性设计时应充分考到这种情况。

3.3.2　高性能混凝土耐久性能等级划分

1. 高性能混凝土的抗冻性能、抗水渗透性能和抗硫酸盐侵蚀性能的等级划分应符合表 3.3.2-1 的规定。

高性能混凝土抗冻性能、抗水渗透性能和抗硫酸盐侵蚀性能的等级划分　表 3.3.2-1

抗冻等级（快冻法）		抗冻标号（慢冻法）	抗渗等级	抗硫酸盐等级
F250	F350	D150	P12	KS120
F300	F400	D200	＞P12	KS150
—	＞F400	＞D200		＞KS150

2. 高性能混凝土抗氯离子渗透性能的等级划分应符合表 3.3.2-2 的规定。

（1）当采用氯离子迁移系数（RCM 法）划分高性能混凝土抗氯离子渗透性能等级时，应符合表 3.3.2-2 的规定，且测试龄期应为 84d。

高性能混凝土抗氯离子渗透性能的等级划分（RCM 法）　表 3.3.2-2

等　级	RCM-Ⅲ	RCM-Ⅳ	RCM-Ⅴ
氯离子迁移系数 D_{RCM}（RCM 法）（$\times 10^{-12} m^2/s$）	$2.5 \leqslant D_{RCM} < 3.0$	$1.5 \leqslant D_{RCM} < 2.5$	$D_{RCM} < 1.5$

（2）当采用电通量划分混凝土抗氯离子渗透性能等级时，应符合表 3.3.2-3 的规定，且高性能混凝土测试龄期宜为 28d。当混凝土中水泥混合材与矿物掺合料之和超过胶凝材料用量的 50% 时，测试龄期可为 56d。

高性能混凝土抗氯离子渗透性能的等级划分（电通量法）　表 3.3.2-3

等　级	Q-Ⅲ	Q-Ⅳ	Q-Ⅴ
电通量 Q_s（C）	$1000 \leqslant Q_s \leqslant 1500$	$500 \leqslant Q_s < 1000$	$Q_s < 500$

3. 高性能混凝土的抗碳化性能等级划分应符合表 3.3.2-4 的规定。

高性能混凝土抗碳化性能的等级划分　表 3.3.2-4

等　级	T-Ⅲ	T-Ⅳ	T-Ⅴ
碳化深度 d（mm）	$10 \leqslant d < 15$	$0.1 \leqslant d < 10$	$d < 0.1$

4. 对于表 3.3.2-2、表 3.3.2-3 和表 3.3.2-4，当设计提出的耐久性要求为等级时，实际控制值应不大于表中等级范围的上限值，当设计提出的耐久性要求为表中等级范围中的具体指标时，实际控制值应不大于这一具体指标。

【讲解说明】

高性能混凝土的重要特征之一就在优越的耐久性能，高性能混凝土的耐久性能明显强于一般混凝土，因此，须进行说明。

1. 抗冻性能等级划分

高性能混凝土在抗冻性能方面明显强于一般的混凝土，本《指南》将F250作为高性能混凝土抗冻等级的最低等级，将D150作为高性能混凝土抗冻标号的最低等级。抗冻等级普遍用于预拌混凝土抗冻性能控制，抗冻等级F250是较强的抗冻性能；抗冻标号越来越少用于预拌混凝土抗冻性能控制，更多用于混凝土制品抗冻性能试验。考虑到慢冻法试验量的繁重和试验周期的漫长，D200以上不再进行更详细的划分。且D200也足以反映混凝土在慢冻条件下良好的耐久性能。

2. 抗（水）渗等级的划分

采用逐级加压法测得的抗水渗透等级在我国有着广泛的应用。现行国家标准《混凝土质量控制标准》GB 50164将混凝土抗渗等级划分为P4、P6、P8、P10、P12五个等级（应注意各个行业标准中抗（水）渗等级的表示符号虽有所不同，但含义基本相同）。现行行业标准《普通混凝土配合比设计规程》JGJ 55将抗渗混凝土（impermeable concrete）定义为抗渗等级等于或大于P6级的混凝土。

由于高性能混凝土采用较低水胶比，且掺加较多的矿物掺合料，因此，具有良好抗渗性能，抗（水）渗等级达到P12是比较合理的。

3. 抗硫酸盐等级划分

抗硫酸盐试验的评定指标为抗硫酸盐侵蚀等级。《普通混凝土长期性能和耐久性能试验方法标准》GB/T 50082规定：当质量耐蚀系数低于95%，或者抗压强度耐蚀系数低于75%，或者干湿循环次数达到150次，即可停止试验。此时记录的干湿循环次数即为抗硫酸盐侵蚀等级。

抗硫酸盐侵蚀试验一般只有当工程环境中有较强的硫酸盐侵蚀时才进行该耐久性能的试验，因此，为保证此类工程具有足够的抗硫酸盐侵蚀性能，须采用高性能混凝土。系统的试验结果表明，能够120次以上抗硫酸盐干湿循环的混凝土，具有较好的抗硫酸盐性能。

4. 抗氯离子渗透性试验（RCM法）

现行国家标准《普通混凝土长期性能和耐久性能试验方法标准》GB/T 50082规定抗氯离子渗透性试验（RCM法）的试验龄期可以为28d、56d或84d。由于氯离子环境中的混凝土一般通过大掺量矿物掺和料以提高抗离子侵蚀的能力，因此混凝土测试龄期宜采用84d，目前国内外工程中多以84d的氯离子迁移系数作为设计和质量控制的指标，例如我国杭州湾大桥工程以84d龄期的混凝土抗氯离子迁移系数作为控制要求。

5. 抗氯离子渗透性试验（电通量法）

现行国家标准《普通混凝土长期性能和耐久性能试验方法标准》GB/T 50082规定抗氯离子渗透性试验（电通量法）的试验龄期可以为28d或56d，为缩短试验周期，对于以硅酸盐水泥为主要胶凝材料的混凝土，一般规定试验龄期为28d，但是对于大掺量矿物掺合料的混凝土，也允许采用56d的测试值作为评定指标。需要注意的是，该标准对电通量的测试龄期要求是：标准条件下养护28d，试验应在35d内完成。

6. 碳化深度的等级划分

系统的试验研究表明，在快速碳化试验中，碳化深度小于15mm的混凝土，可满足一般大气环境下50年的耐久性要求；以快速碳化试验碳化深度小于15mm作为高性能混凝土抗碳化性能下限值，也有利于抑制乱掺劣质掺合料。工程实际中，碳化的发展规律也基本与此相近。在其他腐蚀介质的共同侵蚀下，混凝土的中性化会发展得更快。一般公认的是，碳化深度小于10mm的混凝土，其抗碳化性能良好。许多强度等级高、密实性好的混凝土，在碳化试验中会出现测不到碳化深度的情况。

抗氯离子渗透性能和抗碳化性能分级从Ⅰ级到Ⅴ级对应的混凝土耐久性水平推荐意见见表3.3.2-5，该表定性地描述了等级代号所代表的混凝土耐久性能的高低。

混凝土耐久性项目等级与混凝土耐久性水平推荐意见　　　表3.3.2-5

等级代号	Ⅰ	Ⅱ	Ⅲ	Ⅳ	Ⅴ
混凝土耐久性水平推荐意见	差	较差	较好	好	很好

3.3.3　环境类别和作用等级划分

1. 在混凝土结构耐久性设计阶段，应调研并确定环境的类别及作用等级，为确定高性能混凝土耐久性能指标提供依据。

2. 结构及构件所处环境对钢筋和混凝土的腐蚀机理可分为5类，并应按表3.3.3-1确定。

环境类别　　　　　　表3.3.3-1

环境类别	名　　称	腐蚀机理
Ⅰ	一般环境	保护层混凝土碳化、水渗透等引起钢筋锈蚀
Ⅱ	冻融环境	反复冻融导致混凝土损伤
Ⅲ	海洋氯化物环境	氯盐引起钢筋锈蚀
Ⅳ	使用除冰盐等其他氯化物环境	氯盐引起钢筋锈蚀
Ⅴ	化学腐蚀环境	硫酸盐等化学物质对混凝土的腐蚀

注：一般环境系指无冻融、氯化物和其他化学腐蚀物质作用。

3. 环境对钢筋混凝土结构及构件的作用程度应采用环境作用等级表达，并应符合表3.3.3-2的规定。

环境作用等级　　　　　　表3.3.3-2

环境作用等级　　　环境类别	A 轻微	B 轻度	C 中度	D 严重	E 非常严重	F 极端严重
一般环境	Ⅰ-A	Ⅰ-B	Ⅰ-C	—	—	—
冻融环境	—	—	Ⅱ-C	Ⅱ-D	Ⅱ-E	—
海洋氯化物环境	—	—	Ⅲ-C	Ⅲ-D	Ⅲ-E	Ⅲ-F
使用除冰盐等其他氯化物环境	—	—	Ⅳ-C	Ⅳ-D	Ⅳ-E	—
化学腐蚀环境	—	—	Ⅴ-C	Ⅴ-D	Ⅴ-E	—

4. 当混凝土结构构件受到多种环境类别共同作用时，混凝土应分别满足每种环境类别单独作用下的耐久性要求。

【讲解说明】

1. 工程水文地质条件及气象等勘察

针对具体工程而言，工程环境类别和作用等级是确定混凝土耐久性能指标的考虑因素之一，为确定混凝土结构的环境类别和作用等级，在混凝土耐久性能指标确定之前的工程勘察阶段，应对工程的水质、土质进行取样分析，并调研工程地区的历史气象资料，根据工程结构构件部位及所处的使用环境条件，确定结构的环境类别及作用等级。

2. 环境类别

根据混凝土材料的劣化机理，对环境作用进行了分类：一般环境、冻融环境、海洋氯化物环境、除冰盐等其他氯化物环境和化学腐蚀环境，分别用大写罗马字母Ⅰ～Ⅴ表示。

一般环境（Ⅰ类）是指仅有正常的大气（二氧化碳、氧气等）和温、湿度（水分）作用，不存在冻融、氯化物和其他化学腐蚀物质的影响。一般环境对混凝土结构的腐蚀主要是碳化、渗水引起的钢筋锈蚀。混凝土呈高度碱性，钢筋在高度碱性环境中会在表面生成一层致密的钝化膜，使钢筋具有良好的稳定性。当空气中的二氧化碳扩散到混凝土内部，会通过化学反应（碳化）降低混凝土的碱度，使钢筋表面失去稳定性并在氧气与水分的作用下发生锈蚀。所有混凝土结构都会受到大气和温湿度作用，所以在确定高性能混凝土耐久性能指标时应予以考虑。

冻融环境（Ⅱ类）主要会引起混凝土的冻蚀。当混凝土内部含水量很高时，冻融循环的作用会引起内部或表层的冻蚀和损伤。如果水中含有盐分，还会加重损伤程度。因此冰冻地区与雨、水接触的露天混凝土构件应按冻融环境考虑。另外，反复冻融造成混凝土保护层损伤还会间接加速钢筋锈蚀。

海洋、除冰盐等氯化物环境（Ⅲ类和Ⅳ类）中的氯离子可从混凝土表面迁移到混凝土内部。当到达钢筋表面的氯离子积累到一定浓度（临界浓度）后，也能引发钢筋的锈蚀。氯离子引起的钢筋锈蚀程度要比一般环境（Ⅰ类）下单纯由碳化引起的锈蚀严重得多，高性能混凝土对抗氯离子渗透性能要求较高。

化学腐蚀环境（Ⅴ类）中混凝土的劣化主要是土、水中的硫酸盐、酸等化学物质和大气中的硫化物、氮氧化物等对混凝土的化学作用，同时也有盐结晶等物理作用所引起的破坏。

3. 环境作用等级

环境作用按其对混凝土结构的腐蚀影响程度定性地划分成6个等级，用大写英文字母A～F表示。一般环境的作用等级从轻微到中度（Ⅰ-A、Ⅰ-B、Ⅰ-C），其他环境的作用程度则为中度到极端严重。应该注意，由于腐蚀机理不同，不同环境类别相同等级（如Ⅰ-C、Ⅱ-C、Ⅲ-C）的耐久性要求不会完全相同。

由于环境作用等级的确定主要依靠对不同环境条件的定性描述，当实际的环境条件处于两个相邻作用等级的界限附近时，就有可能出现难以判定的情况，这就需要根据当地环境条件和既有工程劣化状况的调查，并综合考虑工程重要性等因素后确定。在确定环境对混凝土结构的作用等级时，还应充分考虑环境作用因素在结构使用期间可能发生的演变。

环境作用是指直接与混凝土表面接触的局部环境作用，所以同一结构中的不同构件或同一构件中的不同部位，所承受的环境作用等级可能不同。例如，外墙板的室外一侧会受到雨淋受潮或干湿交替为Ⅰ-B或Ⅰ-C，但室内一侧则处境良好为Ⅰ-A，此时内外两侧钢筋所需的保护层厚度可取不同。在实际工程设计中，还应从施工方便和可行性出发，例如桥梁的同一墩柱可分别处于水中区、水位变动区、浪溅区和大气区，局部环境作用最严重的应是干湿交替的浪溅区和水位变动区，尤其是浪溅区；这时整个构件中的耐久性能指标确定一般就要按浪溅区的环境作用等级Ⅲ-E或Ⅲ-F确定。

4. 多种类别的环境共同作用

一般环境（Ⅰ类）的作用是所有结构构件都会遇到和需要考虑的。当同时受到两类或两类以上的环境作用时，原则上均应考虑，需满足各类环境单独作用下的耐久性能要求。

3.3.4 设计使用年限规定

1. 混凝土结构的设计使用年限应按建筑物的合理使用年限确定，不应低于现行国家标准《工程结构可靠性设计统一标准》GB 50153 的规定，本《指南》中混凝土结构的使用年限分别按 100 年和 50 年规定混凝土耐久性指标。

2. 一般环境下的民用建筑在设计使用年限内无需大修，其结构构件的设计使用年限应与结构整体设计使用年限相同。

严酷环境作用下的桥梁、隧道等混凝土结构，其部分构件可设计成易于更换的形式，或能够经济合理地进行大修。可更换构件的设计使用年限可低于结构整体的设计使用年限，并应在设计文件中明确规定。

【讲解说明】

针对具体工程而言，混凝土结构设计使用年限是确定混凝土耐久性能指标的考虑因素之一，结构设计使用年限是在确定的环境作用和维修、使用条件下，具有规定保证率或安全裕度的年限。设计使用年限应由设计人员与业主共同确定，首先要满足工程设计对象的功能要求和使用者的利益，并不低于有关法规的规定。结构设计使用年限越长，混凝土耐久性能要求越高。

现行国家标准《混凝土结构耐久性设计规范》GB/T 50476—2008 结构的设计使用年限涉及 100 年、50 年和 30 年，本《指南》针对高性能混凝土，故不再涉及 30 年设计使用年限。

在严重（包括严重、非常严重和极端严重）环境作用下，混凝土结构的个别构件因技术条件和经济性难以达到结构整体的设计使用年限时，在与业主协商同意后，可设计成易更换的构件或能在预期的年限进行大修，并应在设计文件中注明更换或大修的预期年限。需要大修或更换的结构构件，应具有可修复性，能够经济合理地进行修复或更换，并具备相应的施工操作条件。

3.3.5 一般环境作用等级及高性能混凝土耐久性能要求

1. 一般环境作用等级划分

一般环境对配筋混凝土结构的环境作用等级应根据具体情况按表 3.3.5-1 确定。

一般环境对配筋混凝土结构的环境作用等级 　　　　　表 3.3.5-1

环境作用等级	环境条件	结构构件示例
Ⅰ-A	室内干燥环境	常年干燥、低湿度环境中的室内构件；所有表面均永久处于水下的构件
	长期浸没水中环境	
Ⅰ-B	非干湿交替的室内潮湿环境	中、高湿度环境中的室内构件
	非干湿交替的露天环境	不接触或偶尔接触雨水的室外构件
	长期湿润环境	长期稳定与水或湿润土体接触的构件

环境作用等级	环境条件	结构构件示例
I-C	干湿交替环境	与冷凝水、露水或与蒸汽频繁接触的室内构件； 地下室顶板构件； 表面频繁淋雨或频繁与水接触的室外构件； 处于水位变动区的构件

注：① 环境条件系指混凝土表面的局部环境；
② 干燥、低湿度环境指年平均湿度低于 60%，中、高湿度环境指年平均湿度大于 60%；
③ 干湿交替指混凝土表面经常交替接触到大气和水的环境条件。

配筋混凝土墙、板构件的一侧表面接触室内干燥空气、另一侧表面接触水或湿润土体时，接触空气一侧的环境作用等级宜按干湿交替环境确定。

2. 一般环境作用等级下的高性能混凝土耐久性能要求

一般环境下混凝土的耐久性能，应控制在正常大气作用下混凝土碳化、渗水引起的内部钢筋锈蚀。一般环境中满足 50 年和 100 年设计使用年限的高性能混凝土耐久性能控制要求应按表 3.3.5-2 确定。

一般环境中的高性能混凝土耐久性能要求　　　　　　表 3.3.5-2

控制项目 ＼ 环境作用等级	50 年	100 年	
	I-C	I-B	I-C
强度等级	≥C30	≥C35	≥C40
28d 碳化深度（mm）	≤15	≤10	≤5
抗渗等级	≥P12	≥P12	≥P12

【讲解说明】

关于一般环境作用等级、相应一般环境作用等级的高性能混凝土耐久性能要求，须进行说明。

1. 一般环境作用等级划分

正常大气作用下表层混凝土碳化引发的内部钢筋锈蚀，是混凝土结构中最常见的劣化现象，也是混凝土耐久性能设计中的首要问题。确定大气环境对配筋混凝土结构与构件的作用程度，需要考虑的环境因素主要是湿度（水）、温度和 CO_2 与 O_2 的供给程度。对于混凝土的碳化过程，如果周围大气的相对湿度较高，混凝土的内部孔隙充满孔隙溶液，则空气中的 CO_2 难以进入混凝土内部，碳化就不能或只能非常缓慢地进行；如果周围大气的相对湿度很低，混凝土内部比较干燥，孔隙溶液的量很少，碳化反应也很难进行。钢筋锈蚀电化学过程需有水和氧气参与，当混凝土处于水下或湿度接近饱和时，氧气难以到达钢筋表面，锈蚀会因为缺氧而难以发生。

室内干燥环境对混凝土结构的耐久性最为有利。虽然混凝土在干燥环境中发生碳化，但由于缺少水分使钢筋锈蚀非常缓慢甚至难以进行。同样，水下构件由于缺乏氧气，钢筋基本不会锈蚀。因此表 3.3.5-1 将这两类环境作用归为 I-A 级。在室内外潮湿环境或者偶尔受到雨淋、与水接触的条件下，混凝土的碳化反应和钢筋锈蚀都具备条件，环境作用等级归为Ⅰ-B级。在反复的干湿交替作用下，混凝土碳化具备条件，同时钢筋锈蚀过程由于水分和氧气的交替供给而显著加强，而对钢筋锈蚀最不利的环境条件是反复干湿交替，其环境作用等级归为Ⅰ-C级。

如果室内构件长期处于高湿度环境，即年平均湿度高于60%，也会引起钢筋锈蚀，故宜按Ⅰ-B级考虑。在干湿交替环境下，大气相对湿度较高，干湿交替的影响程度很有限，混凝土内部仍长期处于高湿度状态，内部混凝土碳化和钢筋锈蚀程度都会受到抑制，在这种情况下，环境对钢筋混凝土构件的作用程度介于Ⅰ-C与Ⅰ-B之间，具体作用程度可根据当地既有工程的实际调查确定。

与湿润土体或水接触的一侧混凝土饱水，钢筋不易锈蚀，可按环境作用等级Ⅰ-B考虑；接触干燥空气的一侧，混凝土发生碳化，又可能有水分从临水侧迁移供给，一般应按Ⅰ-C级环境考虑。如果混凝土密实性好、构件厚度较大或临水表面已作可靠防护层，临水侧的水分供给可以被有效隔断，这时接触干燥空气的一侧可不按Ⅰ-C级考虑。

2. 一般环境作用等级下的高性能混凝土耐久性能要求

在一般环境作用下，耐久性控制应依靠高性能混凝土本身的密实度、适当的保护层厚度和有效的防排水措施，就能达到所需的耐久性能，一般不需考虑防腐蚀附加措施。表3.3.5-2规定了不同设计年限和不同环境作用等级下，高性能混凝土的最低强度等级、快速碳化试验28d碳化深度值和抗渗等级指标。

提出最低强度等级限制，是混凝土设计标准中为保证混凝土耐久性的常用做法。目前在实际工程现场，由于强度仍是验收混凝土质量最简便的方法，而且在混凝土原材料保持不变的前提下，强度的高低也能在一定程度上反映水胶比的大小，进而反映混凝土中孔隙率的大小，因此在本《指南》中均规定了最小强度等级限制。

混凝土碳化，一方面与CO_2在混凝土中的扩散速度密切相关，其取决于混凝土的孔隙率和孔隙结构，即取决于混凝土的水胶比；另一方面还与混凝土中与CO_2反应的$Ca(OH)_2$量有关，而混凝土中$Ca(OH)_2$的量由胶材中CaO含量决定。对于混凝土抗碳化要求较高时，不宜使用大掺量矿物掺和料混凝土。28d碳化深度指标是反映混凝土在一般环境中抗碳化性能最直接的指标。

系统的试验研究表明，在快速碳化试验中，碳化深度小于15mm的混凝土，其抗碳化性能较好，可满足大气环境下50年的耐久性要求。工程实际中，碳化的发展规律也基本与此相近。在其他腐蚀介质的共同侵蚀下，混凝土的中性化会发展得更快。一般公认的是，碳化深度小于10mm的混凝土，其抗碳化性能良好。许多强度等级高、密实性好的混凝土，在碳化试验中会出现测不到碳化深度的情况。

抗渗等级可以反映混凝土的抗水渗的性能，也可以在一定程度上反应混凝土的密实程度，一般认为密实程度较高的混凝土的耐久性相对较好。

3.3.6 冻融环境中的环境作用等级及高性能混凝土耐久性能要求

1. 冻融环境中的环境作用等级划分

(1) 长期与水直接接触并会发生反复冻融的混凝土结构构件，应考虑冻融环境的作用。最冷月平均气温高于2.5℃的地区，混凝土结构可不考虑冻融环境作用。

(2) 冻融环境对混凝土结构的环境作用等级应按表3.3.6-1确定。

冻融环境对混凝土结构的环境作用等级 表 3.3.6-1

环境作用等级	环境条件	结构构件示例
Ⅱ-C	微冻地区的无盐环境 混凝土高度饱水	微冻地区的水位变动区构件和频繁受雨淋的构件水平表面
	严寒和寒冷地区的无盐环境 混凝土中度饱水	严寒和寒冷地区受雨淋构件的竖向表面
Ⅱ-D	严寒和寒冷地区的无盐环境 混凝土高度饱水	严寒和寒冷地区的水位变动区构件和频繁受雨淋的构件水平表面
	微冻地区的有盐环境 混凝土高度饱水	有盐微冻地区的水位变动区构件和频繁受雨淋的构件水平表面
	严寒和寒冷地区的有盐环境 混凝土中度饱水	有盐严寒和寒冷地区受雨淋构件的竖向表面
Ⅱ-E	严寒和寒冷地区的有盐环境 混凝土高度饱水	有盐严寒和寒冷地区的水位变动区构件和频繁受雨淋的构件水平表面

注：① 冻融环境按当地最冷月平均气温划分为微冻地区、寒冷地区和严寒地区，其平均气温分别为：$-3 \sim 2.5℃$、$-8 \sim -3℃$ 和 $-8℃$ 以下；

② 中度饱水指冰冻前偶受水或受潮，混凝土内饱水程度不高；高度饱水指冰冻前长期或频繁接触水或湿润土体，混凝土内高度水饱和；

③ 无盐或有盐指冻结的水中是否含有盐类，包括氯盐、除冰盐或其他盐类。

（3）位于冰冻线以上土中的混凝土结构构件，其环境作用等级可根据当地实际情况和经验适当降低。

（4）可能偶然遭受冻害的饱水混凝土结构构件，其环境作用等级可按表 3.3.6-1 的规定降低一级。

（5）直接接触积雪的混凝土墙、柱底部，宜适当提高环境作用等级。

2. 冻融环境作用等级下的高性能混凝土耐久性能要求

冻融环境中满足 50 年和 100 年设计使用年限的高性能混凝土耐久性能控制要求应按表 3.3.6-2 确定。

冻融环境中的高性能混凝土耐久性控制 表 3.3.6-2

控制项目＼环境作用等级	50 年			100 年		
	Ⅱ-C	Ⅱ-D	Ⅱ-E	Ⅱ-C	Ⅱ-D	Ⅱ-E
强度等级	$\geqslant C_a 30$ 或 $C60$	$\geqslant C_a 35$ 或 $C60$	$\geqslant C_a 40$	$\geqslant C_a 35$ 或 $C60$	$\geqslant C_a 40$	$\geqslant C_a 45$
抗冻等级	$\geqslant F250$	$\geqslant F300$	$\geqslant F350$	$\geqslant F300$	$\geqslant F350$	$\geqslant F400$

注：① $C_a 30$ 表示强度等级为 C30 的引气混凝土。

② 不小于 C60 强度等级的非引气混凝土用于无盐冻融环境。

【讲解说明】

关于冻融环境作用等级、相应冻融环境作用等级的高性能混凝土耐久性能要求，须进行说明。

1. 冻融环境作用等级划分

饱水的混凝土在反复冻融作用下会造成内部损伤，发生开裂甚至剥落和骨料裸露。与冻融破坏有关的环境因素主要有水、最低温度、降温速率和反复冻融次数。混凝土的冻融损伤发生在混凝土内部含水量比较充足的情况。

对冻融环境作用等级的划分，主要考虑混凝土饱水程度、气温变化和盐分含量三个因素。饱水程度与混凝土表面接触水的频度及表面积水的难易程度（如水平或竖向表面）有关；气温变化主要与环境最低温度及年冻融次数有关；盐分含量指混凝土表面受冻时冰水中的盐含量。

我国现行规范中对混凝土抗冻等级的要求多按当地最冷月份的平均气温进行区分，这在使用上有其方便之处，但应注意当地气温与构件所处地段的局部温度往往差别很大。比如严寒地区朝南构件的冻融次数多于朝北的构件，而微冻地区可能相反。由于缺乏各地区年冻融次数的统计资料，现仍暂时按当地最冷月的平均气温表示气温变化对混凝土冻融的影响程度。

对于饱水程度，分为高度饱水和中度饱水两种情况，前者指受冻前长期或频繁接触水体或湿润土体，混凝土体内高度饱水；后者指受冻前偶受雨淋或潮湿，混凝土体内的饱水程度不高。混凝土受冻融破坏的临界饱水度约为85%～90%，含水量低于临界饱水度时不会冻坏。在表面有水的情况下，连续的反复冻融可使混凝土内部的饱水程度不断增加，一旦达到或超过临界饱水度，就有可能很快发生冻坏。

冬季喷洒除冰盐的环境属有盐的冻融环境。含盐分的水溶液不仅会造成混凝土的内部损伤，而且能使混凝土表面起皮剥蚀，盐中的氯离子还会引起混凝土内部钢筋的锈蚀（除冰盐引起的钢筋锈蚀按Ⅳ类环境考虑）。除冰盐的剥蚀作用程度与混凝土湿度有关；不同构件及部位由于方向、位置不同，受除冰盐直接、间接作用或溅射的程度也会有很大的差别。

寒冷地区海洋和近海环境中的混凝土表层，当接触水分时也会发生盐冻，但海水的含盐浓度要比除冰盐融雪后的盐水低得多。海水的冰点较低，有些微冻地区和寒冷地区的海水不会出现冻结，具体可通过调查确定；若不出现冰冻，就可以不考虑冻融环境作用。

埋置于土中冰冻线以上的混凝土构件，发生冻融交替的次数明显低于暴露在大气环境中的构件，但仍要考虑冻融损伤的可能，可根据具体情况适当降低环境作用等级。

某些结构在正常使用条件下冬季出现冰冻的可能性很小，但在极端气候条件下或偶发事故时混凝土有可能会遭受冰冻，故应具有一定的抗冻能力，但可适当降低要求。

竖向构件底部侧面的积雪可引发混凝土较严重的冻融损伤。尤其在冬季喷洒除冰盐的环境中，道路上含盐的积雪常被扫到两侧并堆置在墙柱和栏杆底部，往往造成底部混凝土的严重腐蚀。对于接触积雪的局部区域，也可采取局部的防护处理。

2. 冻融环境作用等级下的高性能混凝土耐久性能要求

国内外多数标准都采用快速冻融循环情况下的动弹模损失或同时考虑质量损失来确定混凝土的抗冻级别。在现行国家标准《普通混凝土长期性能和耐久性能试验方法标准》GB/T 50082及水工、公路等规范中，规定快速冻融试验动弹模降到初始值的60%或质量损失到5%（两个条件中只要有一个先达到时）的循环次数作为混凝土抗冻等级。我国港口、水工及铁路规范也用抗冻等级表示混凝土的抗冻性能。本《指南》采用抗冻等级作为评定混凝土抗冻性的指标。有些标准规范中将混凝土试件经300次快速冻融循环后的动弹模损失（即与初始动弹模的比值）作为混凝土抗冻耐久性指数DF，例如北美地区的抗冻混凝土标准规定，有抗冻要求的混凝土，其DF值需大于或等于60%。

高性能混凝土具有良好的抗冻性能。多年来的工程实践表明，提高混凝土抗冻性的技术途径有两方面，其一是提高混凝土的密实度或强度；其二是适当引气。试验表明高强混凝土具有很高的抗冻融能力，有实践证明高强混凝土用于严重冻融环境即使不引气也没有发生破坏。使用引气剂能在混凝土中产生大量均布的微小封闭气孔，有效缓解混凝土内部结冰造成的材料破坏。引气混凝土的抗冻要求用新拌混凝土的含气量表示，是气泡占混凝土的体积比。试验研究证明，引气能大大提高混凝土的抗冻能力。但过大的含气量会明显降低混凝土强度，因此含气量应控制在一定范围内，且应有误差限制。

掺加引气剂对混凝土的强度影响波动较大，需要提高混凝土生产施工技术水平，高性能混凝土生产施工企业应具备这种控制能力。

表 3.3.6-2 给出了不同设计使用年限下，不同冻融环境作用等级下的抗冻等级指标。抗冻等级指标是根据试验室快速冻融试验结果得出，当采用引气混凝土时，如果达到高性能混凝土生产施工技术要求，引气适当，正文中的抗冻指标比较容易达到。

3.3.7 氯化物环境中的环境作用等级及高性能混凝土耐久性能要求

1. 氯化物环境中的环境作用等级划分

（1）海洋和近海地区接触海水氯化物的配筋混凝土结构构件，应按海洋氯化物环境确定混凝土耐久性能指标。

（2）降雪地区接触除冰盐（雾）的桥梁、隧道、停车库、道路周围构筑物等配筋混凝土结构的构件，内陆地区接触含有氯盐的地下水、土以及频繁接触含氯盐消毒剂的配筋混凝土结构的构件，应按除冰盐等其他氯化物环境确定混凝土耐久性指标。

降雪地区新建的城市桥梁和停车库楼板，应按除冰盐氯化物环境作用确定混凝土耐久性指标。

（3）海洋氯化物环境对配筋混凝土结构构件的环境作用等级，应按表 3.3.7-1 确定。

海洋氯化物环境的作用等级   表 3.3.7-1

环境作用等级	环境条件	结构构件示例
Ⅲ-C	水下区和土中区：周边永久浸没于海水或埋于土中	桥墩，基础
Ⅲ-D	大气区（轻度盐雾）： 距平均水位 15m 高度以上的海上大气区； 涨潮岸线以外 100～300m 内的陆上室外环境	桥墩，桥梁上部结构构件； 靠海的陆上建筑外墙及室外构件
Ⅲ-E	大气区（重度盐雾）： 距平均水位上方 15m 高度以内的海上大气区； 离涨潮岸线 100m 以内、低于海平面以上 15m 的陆上室外环境	桥梁上部结构构件； 靠海的陆上建筑外墙及室外构件
	潮汐区和浪溅区，非炎热地区	桥墩，码头
Ⅲ-F	潮汐区和浪溅区，炎热地区	桥墩，码头

注：① 近海或海洋环境中的水下区、潮汐区、浪溅区和大气区的划分，按现行行业标准《海港工程混凝土结构防腐蚀技术规范》JTJ 275 的规定确定；近海或海洋环境的土中区指海底以下或近海的陆区地下，其地下水中的盐类成分与海水相近；
 ② 海水激流中构件的作用等级宜提高一级；
 ③ 轻度盐雾区与重度盐雾区界限的划分，宜根据当地的具体环境和既有工程调查确定；靠近海岸的陆上建筑物，盐雾对室外混凝土构件的作用尚应考虑风向、地貌等因素；密集建筑群，除直接面海和迎风的建筑物外，其他建筑物可适当降低作用等级；
 ④ 炎热地区指年平均温度高于 20℃ 的地区；
 ⑤内陆盐湖中氯化物的环境作用等级可参照上表确定。

（4）一侧接触海水或含有海水土体、另一侧接触空气的海中或海底隧道配筋混凝土结构构件，其环境作用等级不宜低于Ⅲ-E。

（5）江河入海口附近水域的含盐量应根据实测确定，当含盐量明显低于海水时，其环境作用等级可根据具体情况低于表3.3.7-1的规定。

（6）除冰盐等其他氯化物环境对于配筋混凝土结构构件的环境作用等级宜根据调查确定；当无相应的调查资料时，可按表3.3.7-2确定。

除冰盐等其他氯化物环境的作用等级　　　　表3.3.7-2

环境作用等级	环境条件	结构构件示例
IV-C	受除冰盐盐雾轻度作用	离开行车道10m以外接触盐雾的构件
	四周浸没于含氯化物水中	地下水中构件
	接触较低浓度氯离子水体，且有干湿交替	处于水位变动区，或部分暴露于大气、部分在地下水土中的构件
IV-D	受除冰盐水溶液轻度溅射作用	桥梁护墙，立交桥桥墩
	接触较高浓度氯离子水体，且有干湿交替	海水游泳池壁；处于水位变动区，或部分暴露于大气、部分在地下水土中的构件
IV-E	直接接触除冰盐溶液	路面，桥面板，与含盐渗漏水接触的桥梁帽梁、墩柱顶面
	受除冰盐水溶液重度溅射或重度盐雾作用	桥梁护栏、护墙，立交桥桥墩；车道两侧10m以内的构件
	接触高浓度氯离子水体，有干湿交替	处于水位变动区，或部分暴露于大气、部分在地下水土中的构件

注：① 水中氯离子浓度（mg/l）的高低划分为：较低100～500；较高500～5000；高＞5000；土中氯离子浓度（mg/kg）的高低划分为：较低150～750；较高750～7500；高＞7500；
② 除冰盐环境的作用等级与冬季喷洒除冰盐的具体用量和频度有关；可根据具体情况作出调整。

（7）在确定氯化物环境对配筋混凝土结构构件的作用等级时，不应考虑混凝土表面普通防水层对氯化物的阻隔作用。

2. 氯化物环境作用等级下的高性能混凝土耐久性能要求

氯化物环境中满足50年和100年设计使用年限的高性能混凝土耐久性能控制要求应按表3.3.7-3确定。

氯化物环境中的高性能混凝土耐久性控制　　　　表3.3.7-3

控制项目＼环境作用等级	50年				100年			
	Ⅲ-C IV-C	Ⅲ-D IV-D	Ⅲ-E IV-E	Ⅲ-F	Ⅲ-C IV-C	Ⅲ-D IV-D	Ⅲ-E IV-E	Ⅲ-F
强度等级	≥C40	≥C45	≥C50	≥C50	≥C45	≥C50	≥C50	≥C55
84d氯离子迁移系数（×10^{-12}m²/s）	＜3.0	＜2.5	＜2.0	＜1.5	＜2.5	＜2.0	＜1.5	＜1.2

注：当海洋氯化物环境与冻融环境同时作用时，应采用引气混凝土。

【讲解说明】

关于氯化物环境作用等级、相应氯化物环境作用等级的高性能混凝土耐久性能要求，须进行说明。

1. 氯化物环境作用等级划分

氯盐环境下混凝土作用等级的分类依据主要是距离海洋的距离以及工程地区土中或地下水中所含氯离子情况，将氯盐环境分为四个等级。文中的海洋和近海氯化物包括海水、大气、地下水与土体中含有的来自海水的氯化物。此外，其他情况下接触海水的混凝土构件也应考虑海洋氯化物的腐蚀，如海洋馆中接触海水的混凝土池壁、管道等。内陆盐湖中的氯化物作用可参照海洋氯化物环境进行耐久性设计。

环境中的氯化物以水溶氯离子的形式通过扩散、渗透和吸附等途径从混凝土构件表面向混凝土内部迁移，可引起混凝土内钢筋的严重锈蚀。氯离子引起的钢筋锈蚀难以控制、后果严重，因此是混凝土结构耐久性的重要问题。在氯盐影响为主的环境条件下，钢筋锈蚀速度与混凝土表面氯离子的浓度、温湿度的变化、空气中氧气供给的难易程度有关，在海水作用的潮汐区和浪溅区、盐湖地区或海边滩涂区露出地表的毛细吸附区，钢筋锈蚀的发展速度最快，需要特别防护。另外南方炎热地区温度高，氯离子扩散系数增大，钢筋锈蚀加剧，所以炎热气候作为加剧钢筋锈蚀的因素考虑。长期处于海水下的混凝土，由于缺乏氧气的有效供给，所以钢筋锈蚀的速度不大。

降雪地区喷洒的除冰盐可以通过多种途径作用于混凝土构件，含盐的融雪水直接作用于路面，并通过伸缩缝等连接处渗漏到桥面板下方的构件表面，或者通过路面层和防水层的缝隙渗漏到混凝土桥面板的顶面。排出的盐水如渗入地下土体，还会侵蚀腐蚀混凝土基础。此外，高速行驶的车辆会将路面上含盐的水溅射或转变成盐雾，作用到车道两侧甚至较远的混凝土构件表面；汽车底盘和轮胎上冰冻的含盐雪水进入停车库后融化，还会浸入车库混凝土楼板或地板中引起混凝土中钢筋腐蚀。

由于除冰盐会对混凝土结构造成极其严重的腐蚀，不进行耐久性设计的桥梁在除冰盐环境下只需几年或十几年就需要大修甚至被迫拆除。发达国家使用含氯除冰盐融化道路积雪已有40年的历史，迄今尚无更为经济的替代方法。考虑今后交通发展对融化道路积雪的需要，应在混凝土桥梁的耐久性设计时考虑除冰盐氯化物的影响。

除冰盐对混凝土的作用机理很复杂。对钢筋混凝土（如桥面板）而言，一方面，除冰盐直接接触混凝土表层，融雪过程中的温度骤降以及渗入混凝土的含盐雪水的蒸发结晶都会导致混凝土表面的开裂剥落；另一方面，雪水中的氯离子不断向混凝土内部迁移，会引起钢筋腐蚀。前者属于盐冻现象；后者属于钢筋锈蚀问题。

地下水土（滨海地区除外）中的氯离子浓度一般较低，当浓度较高且在干湿交替的条件下，则需考虑对混凝土构件的腐蚀。我国西部盐湖和盐渍土地区地下水土中氯盐含量很高，对混凝土构件的腐蚀作用需专门研究处理，不属于本《指南》的内容。对于游泳池及其周围的混凝土构件，如公共浴室、卫生间地面等，还需要考虑氯盐消毒剂对混凝土构件腐蚀的作用。

2. 氯化物环境作用等级下的混凝土耐久性能要求

实验室内采用快速电迁移法测定氯离子迁移系数，是将试件的两端分别置于两种溶液之间并施加电位差，上游溶液中含氯盐，在外加电场的驱动下氯离子快速向混凝土内迁移，经过若干小时后劈开试件测出氯离子侵入试件中的深度，利用理论公式可以计算得出氯离子迁移系数，也称为非稳态快速氯离子迁移扩散系数。氯离子迁移系数标为 D_{RCM}。D_{RCM} 的测定方法快速而简便，这一方法是唐路平提出的，称为 RCM 法，北欧的标准 NT

Build492 和我国《普通混凝土长期性能和耐久性能试验方法标准》GB/T 50082—2009 均采用了这种方法。D_{RCM} 与测试时的龄期 t_0 有关，测试时的龄期越晚，D_{RCM} 越小，由于用于海工等腐蚀环境的高性能混凝土会掺加较多的矿物掺合料，测试龄期较早不能客观反映高性能混凝土抗氯离子渗透的性能，因此，实际工程大多采用 84d 测试龄期的 D_{RCM}。D_{RCM} 可用来作为氯盐环境下混凝土工程设计与施工的质量控制指标。

除氯离子迁移系数外，混凝土抗氯离子渗透性能还可以用其他指标表示。国内外现在最常用的是以美国 ASTM C1202 快速电量测定方法为基础的标准试验方法，我国《普通混凝土长期性能和耐久性能试验方法标准》GB/T 50082—2009 列入该种方法。这个方法测定的是通过试件的电通量（库仑值）而不是氯离子迁移系数。当电通量小于 1000C 时认为抗氯离子性能优良（美国联邦公路局的一份材料则以小于 800C 为优，800C～2000C 为良）。这一方法测试结果受混凝土中掺加的矿物掺合料种类及其掺量的影响较大；测试误差略大；电通量小于 1000C 时难以准确区分混凝土抗氯离子侵入性能的差异。

本《指南》推荐使用氯离子迁移系数测定法（RCM 法），认为这一方法能快速测定，而且直接根据氯离子侵入混凝土深度的测定值来导出氯离子迁移系数 D_{RCM} 但优点较多，有被国际广泛采用的趋向。除北欧标准外，欧洲 DuraCrete 的建议标准，德国的 ibac-test，瑞士标准 SIA 262-1 都采用了这种试验模式，但在细节上有所差异。

现行国家标准《普通混凝土长期性能和耐久性能试验方法标准》GB/T 50082 规定抗氯离子渗透性试验（RCM 法）的试验龄期可以为 28d、56d 或 84d，这是为了照顾到所有混凝土种类，并尽可能缩短试验周期。但是，测试混凝土氯离子迁移系数往往是针对海洋等氯离子侵蚀环境，而此类工程中的混凝土中一般都需要掺入较多的矿物掺合料，若以 28d 龄期作为测试时间，则不够合理，而 84d 龄期测试相对比较合理。目前国内外很多工程中以 84d 的氯离子迁移系数作为设计和质量控制的指标，例如我国杭州湾大桥，以 84d 龄期的混凝土抗氯离子迁移系数作为控制要求，不同结构部位的控制阈值分别为：$1.5 \times 10^{-12} \mathrm{m}^2/\mathrm{s}$、$2.5 \times 10^{-12} \mathrm{m}^2/\mathrm{s}$、$3.0 \times 10^{-12} \mathrm{m}^2/\mathrm{s}$ 和 $3.5 \times 10^{-12} \mathrm{m}^2/\mathrm{s}$。马来西亚槟城第二跨海大桥也以 84d 龄期抗氯离子迁移系数作为设计指标。试验研究表明，84d 龄期的混凝土抗氯离子迁移系数小于 $1.5 \times 10^{-12} \mathrm{m}^2/\mathrm{s}$，表明混凝土具有优良的抗氯离子渗透性能。因此，本《指南》以 84d 龄期的试验值作为检验评定的指标。

重大工程在正式施工前通常要在现场先试制大尺寸的模拟构件，测定混凝土抗氯离子侵入性能的试件可从中取样。宜连续测定 4 周、8 周、12 周和半年龄期的氯离子迁移系数 D_{RCM}。对于室内试配的混凝土，也宜对同批制作的试件分别测定不同龄期的扩散系数 D_{RCM}。

3.3.8 化学腐蚀环境中的环境作用等级划分及高性能混凝土耐久性能要求

1. 化学腐蚀环境中的环境作用等级划分

（1）水、土中的硫酸盐和酸类物质对混凝土结构构件的环境作用等级可按表 3.3.8-1 确定。当有多种化学物质共同作用时，应取其中最高的作用等级作为设计的环境作用等级。如其中有两种及以上化学物质的作用等级相同且可能加重化学腐蚀时，其环境作用等级应再提高一级。

（2）部分接触含硫酸盐的水、土且部分暴露于大气中的混凝土结构构件，可按表 3.3.8-1 确定环境作用等级。当混凝土结构构件处于干旱、高寒地区，其环境作用等级应按表 3.3.8-2 确定。

水、土中硫酸盐和酸类物质环境作用等级 表 3.3.8-1

环境作用等级 ＼ 作用因素	水中硫酸根离子浓度 SO_4^{2-} (mg/L)	土中硫酸根离子浓度（水溶值）SO_4^{2-} (mg/kg)	水中镁离子浓度 (mg/L)	水中酸碱度 (pH 值)	水中侵蚀性二氧化碳浓度 (mg/L)
V-C	200～1000	300～1500	300～1000	6.5～5.5	15～30
V-D	1000～4000	1500～1600	1000～3000	5.5～4.5	30～60
V-E	4000～10000	6000～15000	≥3000	<4.5	60～100

注：① 表中与环境作用等级相应的硫酸根浓度，所对应的环境条件为非干旱高寒地区的干湿交替环境；当无干湿交替（长期浸没于地表或地下水中）时，可按表中的作用等级降低一级，但不得低于 V-C 级；对于干旱、高寒地区的环境条件可按表 3.3.8-2 条确定；
② 当混凝土结构构件处于弱透水土体中时，土中硫酸根离子、水中镁离子、水中侵蚀性二氧化碳及水的 pH 值的作用等级可按相应的等级降低一级，但不低于 V-C 级；
③ 对含有较高浓度氯盐的地下水、土，可不单独考虑硫酸盐的作用；
④ 高水压条件下应提高相应的环境作用等级。

干旱、高寒地区硫酸盐环境作用等级 表 3.3.8-2

环境作用等级 ＼ 作用因素	水中硫酸根离子浓度 SO_4^{2-} (mg/L)	土中硫酸根离子浓度（水溶值）SO_4^{2-} (mg/kg)
V-C	200～500	300～750
V-D	500～2000	750～3000
V-E	2000～5000	3000～7500

注：我国干旱区指干燥度系数大于 2.0 的地区，高寒地区指海拔 3000m 以上的地区。

（3）污水管道、厕舍、化粪池等接触硫化氢气体或其他腐蚀性液体的混凝土结构构件，可将环境作用确定为 V-E 级，当作用程度较轻时也可按 V-D 级确定。

（4）大气污染环境对混凝土结构的作用等级可按表 3.3.8-3 确定。

大气污染环境作用等级 表 3.3.8-3

环境作用等级	环境条件	结构构件示例
V-C	汽车或机车废气	受废气直射的结构构件，处于封闭空间内受废气作用的车库或隧道构件
V-D	酸雨（雾、露）pH 值≥4.5	遭酸雨频繁作用的构件
V-E	酸雨 pH 值<4.5	遭酸雨频繁作用的构件

（5）处于含盐大气中的混凝土结构构件环境作用等级可按 V-C 级确定，对气候常年湿润的环境，可不考虑其环境作用。

2. 化学腐蚀环境作用等级下的高性能混凝土耐久性能要求

（1）化学腐蚀环境下的高性能混凝土不宜单独使用硅酸盐水泥或普通硅酸盐水泥作为胶凝材料，其原材料组成应根据环境类别和作用等级按照本指南中的原材料控制要求进行。

（2）在干旱、高寒硫酸盐环境和含盐大气环境中的高性能混凝土宜为引气混凝土，其含气量不宜超过 5%。

（3）化学腐蚀环境中满足 50 年和 100 年设计使用年限的高性能混凝土耐久性能控制

29

要求应按表3.3.8-4确定。

化学腐蚀环境中的高性能混凝土耐久性控制

表 3.3.8-4

环境作用等级 控制项目	50 年			100 年		
	V-C	V-D	V-E	V-C	V-D	V-E
强度等级	≥C40	≥C45	≥C50	≥C45	≥C50	≥C55
对于非地下环境，84d 氯离子迁移系数（$\times 10^{-12} \mathrm{m^2/s}$）	≤4.0	≤2.5	≤2.0	≤3.5	≤2.0	<1.5
对于地下环境，56d 电通量（C）	≤2000	≤1500	≤1000	≤1500	≤1000	≤800
对于硫酸盐环境，抗硫酸盐等级	≥KS120	≥KS150	≥KS150	≥KS150	≥KS150	≥KS150

注：表中 84d 氯离子迁移系数与 56d 电通量不具有相关性，不可相互替代。

【讲解说明】

关于化学腐蚀环境作用等级、相应化学腐蚀环境作用等级的高性能混凝土耐久性能要求，须进行说明。

1. 化学腐蚀环境作用等级划分

本《指南》考虑的常见腐蚀性化学物质包括土中和地表、地下水中的硫酸盐和酸类等物质以及大气中的盐分、硫化物、氮氧化合物等污染物质。这些物质对混凝土的腐蚀主要是化学腐蚀，但盐类侵入混凝土也有可能产生盐结晶的物理腐蚀。本条的化学腐蚀环境不包括氯化物环境。

本条根据水、土环境中化学物质的不同浓度范围将环境作用划分为 V-C、V-D 和 V-E 共 3 个等级。浓度低于 V-C 等级的不需在设计中特别考虑，浓度高于 V-E 等级的应作为特殊情况另行对待。化学环境作用对混凝土的腐蚀，至今尚缺乏足够的数据积累和研究成果。重要工程应在设计前作充分调查。

水、土中的硫酸盐对混凝土的腐蚀作用，除硫酸根离子的浓度外，还与硫酸盐的阳离子种类及浓度、混凝土表面的干湿交替程度、环境温度以及土的渗透性和地下水的流动性等因素有很大关系。腐蚀混凝土的硫酸盐主要来自周围的水、土，也可能来自混凝土原材料，如喷射混凝土中常使用的大剂量钠盐速凝剂等。

在常见的硫酸盐中，对混凝土腐蚀的严重程度从强到弱依次为硫酸镁、硫酸钠和硫酸钙。腐蚀性很强的硫酸盐还有硫酸铵，此时需单独考虑铵离子的作用，自然界中的硫酸铵不多见，但在长期施加化肥的土地中则需要注意。

表 3.3.8-1 规定的土中硫酸根离子 SO_4^{2-} 浓度，是在土样中加水溶出的浓度（水溶值）。有的硫酸盐（如硫酸钙）在水中的溶解度很低，在土样中加酸则可溶出土中含有的全部 SO_4^{2-}（酸溶值）。但是，只有溶于水中的硫酸盐才会腐蚀混凝土。不同国家的混凝土结构设计规范，对硫酸盐腐蚀的作用等级划分有较大差别，采用的浓度测定方法也有较大出入，有的用酸溶法测定（如欧盟规范），有的则用水溶法（如美国、加拿大和英国）。当用水溶法时，由于水土比例和浸泡搅拌时间的差别，溶出的量也不同。所以最好能同时测定 SO_4^{2-} 的水溶值和酸溶值，以便于判断难溶盐的数量。

硫酸盐对混凝土的化学腐蚀是两种化学反应的结果：一是与混凝土中的水化铝酸钙起反应形成硫铝酸钙即钙矾石；二是与混凝土中氢氧化钙结合形成硫酸钙（石膏），两种反应均会造成体积膨胀,使混凝土开裂。当含有镁离子时,同时还能和Ca(OH)$_2$反应,生成疏松而无胶凝性的Mg(OH)$_2$,这会降低混凝土的密实性和强度并加剧腐蚀。硫酸盐对混凝土的化学腐蚀过程很慢,通常要持续很多年,开始时混凝土表面泛白,随后开裂、剥落破坏。当土中构件暴露于流动的地下水中时,硫酸盐得以不断补充,腐蚀的产物也被带走,材料的损坏程度就会非常严重。相反,在渗透性很低的黏土中,当表面浅层混凝土遭硫酸盐腐蚀后,由于硫酸盐得不到补充,腐蚀反应就很难进一步进行。

在干湿交替的情况下,水中的SO$_4^{2-}$浓度如大于200mg/L(或土中SO$_4^{2-}$大于1000mg/kg)就有可能损害混凝土;水中SO$_4^{2-}$如大于2000mg/L(或土中的水溶SO$_4^{2-}$大于4000mg/kg)则可能有较大的损害。水的蒸发可使水中的硫酸盐逐渐积累,所以混凝土就有可能遭受硫酸盐的腐蚀。地下水、土中的硫酸盐可以渗入混凝土内部,并在一定条件下使得混凝土毛细孔隙水溶液中的硫酸盐浓度不断积累,当超过饱和浓度时就会析出盐结晶而产生很大的压力,导致混凝土开裂破坏,这属于物理作用。

硅酸盐水泥混凝土的抗酸腐蚀能力较差,如果水的pH值小于6,对抗渗性较差的混凝土就会造成损害。这里的酸包括除硫酸和碳酸以外的一般酸和酸性盐,如盐酸、硝酸等强酸和其他弱的无机、有机酸及其盐类,其来源于受工业或养殖业废水污染的水体。

酸对混凝土的腐蚀作用主要是与硅酸盐水泥水化产物中的氢氧化钙起反应,如果混凝土骨料是石灰石或白云石,酸也会与这些骨料起化学反应,反应的产物是水溶性的,可以被水溶液浸出(草酸和磷酸形成的钙盐除外)。对于硫酸来说,还会进一步形成硫酸盐造成硫酸盐腐蚀。如果酸、盐溶液能到达钢筋表面,还会引起钢筋锈蚀,从而造成混凝土顺筋开裂和剥落。低水胶比的密实混凝土能够抵抗弱酸的腐蚀,但是硅酸盐水泥混凝土不能承受高浓度酸的长期作用。因此在流动的地下水中,必须在混凝土表面采取涂层覆盖等保护措施。

当结构混凝土所处环境中含有多种化学腐蚀物质时,一般会加重腐蚀的程度。如Mg^{2+}和SO$_4^{2-}$同时存在时能引起双重腐蚀。但两种以上的化学物质有时也可能产生相互抑制的作用。例如,海水环境中的氯盐就可能会减弱硫酸盐的危害。有资料报道,如无Cl$^-$存在,浓度约为250mg/L的SO$_4^{2-}$就能引起纯硅酸盐水泥混凝土的腐蚀,如Cl$^-$浓度超过5000mg/L,则造成损害的SO$_4^{2-}$浓度要提高到约1000mg/L以上。海水中的硫酸盐含量很高,但有大量氯化物存在,所以不再单独考虑硫酸盐的作用。

土中的化学腐蚀物质对混凝土的腐蚀作用需要通过溶于土中的孔隙水来实现。密实的弱透水土体提供的孔隙水量少,而且流动困难,靠近混凝土表面的化学腐蚀物质与混凝土发生化学作用后被消耗,得不到充分的补充,所以腐蚀作用有限。对弱透水土体的定量界定比较困难,一般认为其渗透系数小于10^{-5}m/s或0.86m/d。

部分暴露于大气中而其他部分又接触含盐水、土的混凝土构件应特别考虑盐结晶作用。在日温差剧烈变化或干旱和半干旱地区,混凝土孔隙中的盐溶液容易浓缩并产生结晶或在外界低温过程的作用下析出结晶。对于一端置于水、土中而另一端露于空气中的混凝土构件,水、土中的盐会通过混凝土毛细孔隙的吸附作用上升,并在干燥的空气中蒸发,最终因浓度的不断提高产生盐结晶。我国滨海和盐渍土地区电杆、墩柱、墙体等混凝土构件在地面以上1m左右高度范围内常出现这类破坏。对于一侧接触水或土而另一侧暴露于空气中的混凝土构件,情况也与此相似。表3.3.8-2注中的干燥度系数定义为:

$$K = \frac{0.16\Sigma t}{\gamma}$$

式中 K——干燥度系数；

Σt——日平均温度≥10℃稳定期的年积温（℃）；

γ——日平均温度≥10℃稳定期的年降水量（mm），取0.16。

我国西部的盐湖地区，水、土中盐类的浓度可以高出表3.3.8-2值的几倍甚至10倍以上，这些情况则需专门研究对待。

大气污染环境的主要的作用因素有大气中 SO_2 产生的酸雨，汽车和机车排放的 NO_2 废气，以及盐碱地区空气中的盐分。这种环境对混凝土结构的作用程度可有很大差别，宜根据当地的调查情况确定其等级。

处于含盐大气中的混凝土构件，应考虑盐结晶的破坏作用。大气中的盐分会附着在混凝土构件的表面，环境降水可溶解混凝土表面的盐分形成盐溶液侵入混凝土内部。混凝土孔隙中的盐溶液浓度在干湿循环的条件下会不断增高，达到临界浓度后产生巨大的结晶压力使混凝土开裂破坏。在常年湿润（植被地带的最大蒸发量和降水量的比值小于1）地区，孔隙水难以蒸发，不易发生盐结晶。

2. 化学腐蚀环境作用等级下的高性能混凝土耐久性能要求

硅酸盐水泥混凝土抗硫酸盐以及酸类物质的化学腐蚀的能力较差。硅酸盐水泥水化产物中的 Ca（OH）$_2$ 不论在强度上或化学稳定性上都很弱，几乎所有的化学腐蚀都与 Ca（OH）$_2$ 有关，在压力水、流动水尤其是软水的作用下 Ca（OH）$_2$ 还会溶析，是混凝土抗腐蚀的薄弱环节。

高性能混凝土中适量的矿物掺合料对于提高混凝土抵抗化学腐蚀的能力有良好的作用。高性能混凝土水胶比较低，密实程度较高，可提高抗化学腐蚀渗透的能力，含矿物掺和料的胶凝材料反应形成的水化产物也可提高混凝土抵抗水、酸和盐类物质腐蚀的能力。因此，在化学腐蚀环境下，不宜单独使用硅酸盐水泥作为胶凝材料。通常用标准试验方法对28d龄期混凝土试件测得的混凝土抗化学腐蚀的耐久性能参数，不能客观反映较多矿物掺合料掺量的混凝土性能的后期增长。

用于化学腐蚀环境中的高性能混凝土必须有针对性，对于不同种类的化学腐蚀性物质，采用的水泥品种和掺和料种类及其掺量并不完全相同。高性能混凝土中如加入少量硅灰能起到比较显著的作用；粉煤灰和其他火山灰质材料因其本身的 Al_2O_3 含量有波动，效果差别较大，并非都是掺量越大越好。

当掺加粉煤灰等火山灰质掺和料时，应当通过实验确定其最佳掺量。在西方国家，抗硫酸盐水泥或高抗硫酸盐水泥都是硅酸盐类的水泥，只不过水泥中 C_3A 和 C_3S 的含量不同程度地减少。当环境中的硫酸盐含量异常高时，最好是采用不含硅酸盐的水泥，如石膏矿渣水泥或矾土水泥。但是非硅酸盐类水泥的使用条件和配合比以及养护等都有特殊要求，需通过试验确定后使用。此外，要注意在硫酸盐腐蚀环境下的粉煤灰掺和料应使用低钙粉煤灰。

高性能混凝土的密实性是其抵抗环境中水、气以及溶解于水中的 Cl^-、SO_4^{2-} 等有害物质侵入混凝土的第一道防线，并直接影响混凝土的抗渗、抗碳化、抗钢筋锈蚀、抗硫酸盐腐蚀甚至抗冻等耐久性能。传统上，人们采用混凝土抗高压水渗透的能力—抗渗等级来评价混凝土的密实性能。然而实践证明，抗渗等级难以评价高性能混凝土的密实性能。从20世纪80年代开始，各国不断地研究各种新方法以评价混凝土抵抗外界各种有害离子侵蚀的能力，其中发展较快的方法是抗氯离子渗透的电通量法和RCM法。电通量法比较适用于水、土腐蚀环境的情况，对于钢筋混凝土，腐蚀情况与电化学有关。

抗硫酸盐试验的评定指标为抗硫酸盐侵蚀等级。现行国家标准《普通混凝土长期性能和耐久性能试验方法标准》GB/T 50082规定：当质量耐蚀系数低于95%，或者抗压强度耐蚀系数低于75%，或者干湿循环次数达到150次，即可停止试验。此时记录的干湿循环次数即为抗硫酸盐侵蚀等级。

抗硫酸盐侵蚀试验一般只有当工程环境中有较强的硫酸盐侵蚀时才进行该耐久性能的试验。系统的试验结果表明，能够经历150次以上抗硫酸盐干湿循环的混凝土，具有优异的抗硫酸盐性能。

3.3.9 预防碱骨料反应要求

1. 高性能混凝土宜采用非碱活性骨料。

2. 在盐渍土、海水和受除冰盐作用等含碱环境中，高性能混凝土不得采用碱活性骨料。对于非重要结构时，除应采取抑制骨料碱活性措施外，还应在混凝土表面采用隔离措施。

3. 当采用快速砂浆棒法检验结果膨胀率不小于0.10%的骨料时，应按现行国家标准《预防混凝土碱骨料反应技术规范》GB/T 50733的规定进行抑制骨料碱-硅酸反应活性有效性试验，并验证有效，然后，采取以下措施：

(1) 宜采用碱含量不大于0.6%的通用硅酸盐水泥、F类碱含量不宜大于2.5%的Ⅰ级或Ⅱ级粉煤灰、碱含量不大于1.0%的粒化高炉矿渣粉。

(2) 混凝土碱含量不应大于3.0kg/m³，混凝土碱含量计算应符合以下规定：

① 混凝土碱含量应为配合比中各原材料的碱含量之和；

② 水泥、外加剂和水的碱含量可用实测值计算；粉煤灰碱含量可用1/6实测值计算，硅灰和粒化高炉矿渣粉碱含量可用1/2实测值计算。

(3) 当采用硅酸盐水泥和普通硅酸盐水泥时，混凝土中矿物掺合料掺量宜符合下列规定：

① 对于快速砂浆棒法检验结果膨胀率大于0.20%的骨料，混凝土中粉煤灰掺量不宜小于30%；当复合掺用粉煤灰和粒化高炉矿渣粉时，粉煤灰掺量不宜小于25%，粒化高炉矿渣粉掺量不宜小于10%；

② 对于快速砂浆棒法检验结果膨胀率为0.10%～0.20%范围的骨料，宜采用不小于25%的粉煤灰掺量；

③ 当本条第1、2款规定均不能满足抑制碱-硅酸反应活性有效性要求时，可再增加掺用硅灰或用硅灰取代相应掺量的粉煤灰或粒化高炉矿渣粉，硅灰掺量不宜小于5%。

【讲解说明】

混凝土碱骨料反应包括了碱—硅酸反应和碱—碳酸盐反应，这两种反应都会导致混凝土膨胀开裂等现象。在我国，工程中发生的混凝土碱骨料反应普遍是碱—硅酸反应，用于混凝土骨料的岩石中都有可能存在含活性 SiO_2 的矿物，如蛋白石、火山玻璃体、玉髓、玛瑙和微晶石英等，当含量达到一定程度时就有可能在混凝土中引发碱—硅酸反应的破坏。

采用非碱活性骨料，通常无须采取预防混凝土碱骨料反应的技术措施。

在盐渍土、海水和受除冰盐作用等含碱环境中的碱会渗入混凝土，强化碱骨料反应条件，在这种环境下采用碱活性骨料用于混凝土是很危险的。

快速砂浆棒法 14d 膨胀率大于 0.2% 的骨料为具有碱—硅酸反应活性，14d 膨胀率在 0.1%～0.2% 的骨料属于不确定。对于这类骨料，从偏于安全的角度考虑，14d 膨胀率不小于 0.10% 的骨料需要进行抑制骨料碱活性有效性检验并采取预防碱骨料反应措施是合理的。

控制混凝土碱含量是预防混凝土碱骨料反应的关键环节之一，混凝土碱含量不大于 3.0kg/m³ 的控制指标已经被普遍接受。研究表明：矿物掺合料碱含量实测值并不代表实际参与碱骨料反应的有效碱含量，参与碱骨料反应的粉煤灰、硅灰和粒化高炉矿渣粉的有效碱含量分别约为实测值 1/6、1/2 和 1/2，这也已经被普遍接受，并已经用于工程实际。

混凝土碱含量表达为每立方米混凝土中碱的质量（kg/m³），而除水以外的原材料碱含量表达为原材料中当量 Na_2O 含量相对原材料质量的百分比（%）。因此，在计算混凝土碱含量时，应先将原材料有效碱含量百分比计算为每立方米混凝土配合比中各种原材料中碱的质量（kg/m³），然后再做求和计算；水的计算过程类似。

验证试验和工程实践表明，Ⅰ级或Ⅱ级的 F 类粉煤灰在达到一定掺量的情况下都可以显著抑制骨料的碱—硅酸反应活性。

验证试验和工程实践表明，以粉煤灰为主并复合粒化高炉矿渣粉在达到一定掺量的情况下也可以显著抑制骨料的碱—硅酸反应活性。

硅灰可以显著抑制骨料的碱—硅酸反应活性已经为公认的事实，二氧化硅含量不小于 90% 的硅灰质量较好。掺加硅灰抑制骨料碱—硅酸反应活性时应注意混凝土防裂。

3.3.10 收缩

高性能混凝土 180d 干燥收缩率不宜超过 0.045%。

【讲解说明】

收缩是引起混凝土开裂的一个关键因素，混凝土收缩是指因内部或外部湿度的变化、化学反应等因素而引起的体积变形。混凝土结构总是处于内部约束（如骨料）和外部约束（如基础，钢筋或相邻部分）的作用下，因此收缩在约束状态下引起拉应力一旦超过混凝土自身的抗拉极限时，很容易引气开裂，加速各种有害介质的侵入，严重影响混凝土的耐久性，甚至危害到结构的安全性。长期以来，如何减小混凝土的收缩，提高混凝土的抗裂性，已成为混凝土技术领域的重要研究热点。

根据现行国家标准《普通混凝土长期性能和耐久性能试验方法标准》GB/T 50082，混凝土的收缩测试方法分为非接触法和接触法，非接触法主要测试混凝土的前 72h 的早龄期收缩，接触法主要测试硬化后混凝土的干燥收缩的变形性能，测试龄期自混凝土 3d 龄期起。本条所规定的高性能混凝土收缩率指标是指采用接触法测试的硬化后混凝土的长期收缩率值。对于高性能混凝土而言，宜通过采用适宜粒径和级配的骨料及其用量，适宜的外加剂和矿物掺合料及其掺量，较小的水胶比等措施减小混凝土长期收缩率。

3.3.11 耐久性能和长期性能及其他有关试验方法

1. 耐久性能试验方法按现行国家标准《普通混凝土长期性能和耐久性能试验方法标准》GB/T 50082 执行。

2. 混凝土及水中硫酸根离子含量的测定方法按现行国家标准《水质硫酸盐的测定 重量法》GB/T 11899 执行，土中硫酸根离子含量的测定方法按现行国家标准《森林土壤水溶性盐分分析》GB 7871 执行。

【讲解说明】

高性能混凝土耐久性能指标是根据环境及其作用条件而定，而耐久性能应采用相应的试验方法进行试验确定。目前混凝土耐久性能试验方法主要依据现行国家标准《普通混凝土长期性能和耐久性能试验方法标准》GB/T 50082。

第 4 章　结构设计要求

4.1　基本要求

4.1.1　在现有条件下，高性能混凝土结构设计，应符合现行国家标准《混凝土结构设计规范》GB 50010、《建筑抗震设计规范》GB 50011、《混凝土结构耐久性设计规范》GB/T 50476 和现行行业标准《高层建筑混凝土结构技术规程》JGJ 3 等相关标准的规定。

4.1.2　轻骨料高性能混凝土结构设计尚应符合现行行业标准《轻骨料混凝土结构技术规程》JGJ 12-2006 的规定。

4.1.3　纤维高性能混凝土结构设计尚应符合中国工程建设协会标准《纤维混凝土结构技术规程》CECS38 的规定。

【讲解说明】

高性能混凝土在结构设计方面，同样应符合国家现行标准《混凝土结构设计规范》GB 50010、《建筑抗震设计规范》GB 50011、《混凝土结构耐久性设计规范》GB/T 50476 和《高层建筑混凝土结构技术规程》JGJ 3 等规范的规定。对于轻骨料高性能混凝土、纤维高性能混凝土的结构设计，尚应分别符合现行行业标准《轻骨料混凝土结构技术规程》JGJ 12、中国工程建设协会标准《纤维混凝土结构技术规程》CECS38 的相关规定。

高性能混凝土在结构中的应用可以提高混凝土结构的耐久性能，延长建筑的使用寿命，减少结构维护和修补费用。高强高性能混凝土的应用，还具有减小混凝土结构尺寸，减轻结构自重和地基荷载，节约用地，减少材料用量，节省资源，降低施工能耗等优点。因此，应该在建筑结构中推广应用高性能混凝土。

但是当前在结构设计方面，高性能混凝土推广应用所面临的问题有：对高性能混凝土认识不足；对耐久性和耐久性设计重视不够；基础性研究工作滞后，设计方法不完善；缺乏技术数据积累，设计经验欠缺；成本核算时，仅考虑混凝土材料的可见成本。在今后相关工作中，仍需就相关问题进行研究，以促进高性能混凝土的推广应用。

4.2　主要设计参数取值

4.2.1　高性能混凝土强度等级应按立方体抗压强度标准值确定。立方体抗压强度标准值系指按标准方法制作、养护的边长为 150mm 的立方体试件，在 28d 或设计规定龄期以标准试验方法测得的具有 95% 保证率的抗压强度值。

4.2.2　高性能混凝土轴心抗压强度的标准值 f_{ck} 应按表 4.2.2-1 采用；轴心抗拉强度的标准值 f_{tk} 应按表 4.2.2-2 采用。

高性能混凝土轴心抗压强度标准值（N/mm²）   表 4.2.2-1

强度	混凝土强度等级										
	C30	C35	C40	C45	C50	C55	C60	C65	C70	C75	C80
f_{ck}	20.1	23.4	26.8	29.6	32.4	35.5	38.5	41.5	44.5	47.4	50.2

高性能混凝土轴心抗拉强度标准值（N/mm²）   表 4.2.2-2

强度	混凝土强度等级										
	C30	C35	C40	C45	C50	C55	C60	C65	C70	C75	C80
f_{tk}	2.01	2.20	2.39	2.51	2.64	2.74	2.85	2.93	2.99	3.05	3.11

4.2.3 高性能混凝土轴心抗压强度的设计值 f_c 应按表 4.2.3-1 采用；轴心抗拉强度的设计值 f_t 应按表 4.2.3-2 采用。

高性能混凝土轴心抗压强度设计值（N/mm²）   表 4.2.3-1

强度	混凝土强度等级										
	C30	C35	C40	C45	C50	C55	C60	C65	C70	C75	C80
f_c	14.3	16.7	19.1	21.1	23.1	25.3	27.5	29.7	31.8	33.8	35.9

高性能混凝土轴心抗拉强度设计值（N/mm²）   表 4.2.3-2

强度	混凝土强度等级										
	C30	C35	C40	C45	C50	C55	C60	C65	C70	C75	C80
f_t	1.43	1.57	1.71	1.80	1.89	1.96	2.04	2.09	2.14	2.18	2.22

4.2.4 高性能混凝土受压和受拉的弹性模量 E_c 可按表 4.2.4 采用。高性能混凝土的剪切变形模量 G_c 可按相应弹性模量值的 0.40 倍采用。高性能混凝土泊松比 v_c 可按 0.20 采用。

高性能混凝土的弹性模量（×10⁴N/mm²）   表 4.2.4

混凝土强度等级	C30	C35	C40	C45	C50	C55	C60	C65	C70	C75	C80
E_c	3.00	3.15	3.25	3.35	3.45	3.55	3.60	3.65	3.70	3.75	3.80

【讲解说明】

我国的混凝土强度等级由立方体抗压强度标准值确定，立方体抗压强度标准值 $f_{cu,k}$ 是我国现行国家标准《混凝土结构设计规范》GB 50010 中对混凝土各项力学性能指标的基本代表值。混凝土强度等级的保证率为 95%。

规范中的混凝土强度的标准值，是通过立方体抗压强度标准值 $f_{cu,k}$ 经计算确定的。

1. 轴心抗压强度标准值 f_{ck}

考虑到结构中混凝土的实体强度与立方体试件混凝土强度之间的差异，根据以往经验，结合试验数据分析并参考国外规范的规定，在设计时将立方体抗压强度标准值乘以一个修正系数，取 0.88。

立方体抗压强度应换算为棱柱体抗压强度，换算系数为 α_{c1}，现行国家标准《混凝土结构设计规范》GB 50010 规定对于 C50 及以下的普通混凝土取 0.76；对于 C80 的混凝土取 0.82，中间按线性差值。而对于高于 C80 的混凝土，建议继续按线性关系推算。

C40 以上的混凝土要考虑脆性折减系数 α_{c2}，现行国家标准《混凝土结构设计规范》GB 50010 规定：对 C40 取 1.00，对高强混凝土 C80 取 0.87，中间按线性插值。对于 C80 以上的混凝土，建议仍按线性插值推算。

轴心抗压强度标准值 f_{ck} 按 $0.88\alpha_{c1}\alpha_{c2}f_{cu,k}$ 计算，由此得到高强混凝土的轴心抗压强度标准值。

2. 轴心抗拉强度标准值 f_{tk}

轴心抗拉强度标准值 f_{tk} 按 $0.88 \times 0.395 f_{cu,k}^{0.55}(1-1.645\delta)^{0.45} \times \alpha_{c2}$ 计算，由此得到上述取值。

混凝土强度设计值，是由强度标准值除以混凝土的材料分项系数 γ_c 得到的，混凝土的材料分项系数取为 1.4。

高强混凝土的弹性模量仍然按照普通混凝土的计算方法确定：

$$E_c = \frac{10^5}{2.2+\dfrac{34.7}{f_{cu,k}}}(\text{N/mm}^2)$$

但是混凝土的组成成分不同，变形性能比较离散。因此标注中规定，可通过使用确定混凝土的弹性模量。

4.3 设计计算及验算

4.3.1 受弯构件计算

钢筋混凝土受弯构件是混凝土结构设计时的重要内容。其中，在受弯构件、偏心受力构件正截面承载力计算时，受压区混凝土的应力图形可简化为等效的矩形应力图。

现行国家标准《混凝土结构设计规范》GB 50010 规定，矩形应力图的受压区高度 x 可取截面应变保持平面假定所确定的中和轴高度乘以系数 β_1。当混凝土强度等级不超过 C50 时，β_1 取为 0.80，当混凝土强度等级为 C80 时，β_1 取为 0.74，其间按线性内插法确定。

矩形应力图的应力值可由混凝土轴心抗压强度设计值 f_c 乘以系数确定。当混凝土强度等级不超过 C50 时，α_1 取为 1.0，当混凝土强度等级为 C80 时，α_1 取为 0.94，其间按线性内插法确定。

当混凝土强度等级超过 C80 时，β_1、α_1 建议仍按线性插值取值。

4.3.2 受压构件计算

钢筋混凝土轴心受压构件，当配置螺旋式或焊接环式间接钢筋符合现行国家标准《混凝土结构设计规范》GB 50010—2010 第 9.3.2 条的要求时，其正截面受压承载力应符合下列规定（图 4.3.2）：

$$N \leqslant 0.9(f_c A_{cor} + f'_y A'_s + 2\alpha f_{yv} A_{ss0}) \tag{4.3.2-1}$$

$$A_{ss0} = \frac{\pi d_{cor} A_{ss1}}{s} \tag{4.3.2-2}$$

式中　f_{yv}——间接钢筋的抗拉强度设计值；

A_{cor}——构件的核心截面面积：间接钢筋内表面范围内的混凝土面积；

A_{ss0}——螺旋式或焊接环式间接钢筋的换算截面面积；

d_{cor}——构件的核心截面直径；间接钢筋内表面之间的距离；

A_{ss1}——螺旋式或焊接环式单根间接钢筋的截面面积；

s——间接钢筋沿构件轴线方向的间距；

α——间接钢筋对混凝土约束的折减系数：当混凝土强度等级不超过 C50 时，取 1.0，当混凝土强度等级为 C80 时，取 0.85，其间按线性内插法确定。

注：① 按公式（4.3.2-1）算得的构件受压承载力设计值不应大于按现行国家标准《混凝土结构设计规范》GB 50010—2010 公式（6.2.15）算得的构件受压承载力设计值的 1.5 倍；

② 当遇到下列任意一种情况时，不应计入间接钢筋的影响，而应按现行国家标准《混凝土结构设计规范》GB 50010—2010 第 6.2.15 条的规定进行计算：A. 当 $l_0/d > 12$ 时；B. 当按公式（4.3.2-1）算得的受压承载力小于按现行国家标准《混凝土结构设计规范》GB 50010—2010 公式（6.2.15）算得的受压承载力时；C. 当间接钢筋的换算截面面积 A_{ss0} 小于纵向钢筋的全部截面面积的 25% 时。

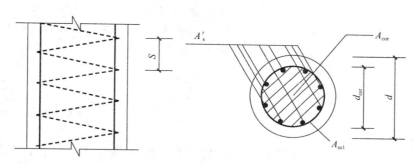

图 4.3.2　配置螺旋式间接钢筋的钢筋混凝土轴心受压构件截面

4.3.3　受剪构件计算

对于矩形、T 形和 I 形截面受弯构件的受剪截面应满足以下条件：

当 $h_w/b \leq 4$ 时

$$V \leq 0.25\beta_c f_c b h_0 \qquad (4.3.3-1)$$

当 $h_w/b \geq 6$ 时

$$V \leq 0.25\beta_c f_c b h_0 \qquad (4.3.3-2)$$

当 $4 < h_w/b < 6$ 时，按线性内插法确定。

式中：V——构件斜截面上的最大剪力设计值；

β_c——混凝土强度影响系数：当混凝土强度等级不超过 C50 时，取 $\beta_c = 1.0$；当混凝土强度等级为 C80 时，取 $\beta_c = 0.8$；其间按线性内插法确定；

b——矩形截面的宽度，T 形截面或 I 形截面的腹板宽度；

h_0——截面的有效高度；

h_w——截面的腹板高度：矩形截面，取有效高度；T 形截面，取有效高度减去翼缘高度；I 形截面，取腹板净高。

注：① 对 T 形或 I 形截面的简支受弯构件，当有实践经验时，公式（4.3.3-1）中的系数可改用 0.3；

② 对受拉边倾斜的构件，当有实践经验时，其受剪截面的控制条件可适当放宽。

4.3.4 其他受力构件

对于钢筋混凝土构件的抗扭承载力计算、冲切承载力计算、局压承载力计算，由于其计算过程中未考虑混凝土强度分级的差异，因此对于高强混凝土可参考现行国家标准《混凝土结构设计规范》GB 50010 中 C80 及以下混凝土的计算方法进行。

4.3.5 正常使用极限状态控制

对于混凝土结构的裂缝宽度验算和挠度验算，仍然按照现行国家标准《混凝土结构设计规范》GB 50010 中的规定进行。强度等级高于 C80 的钢筋混凝土构件的也可参考 C80 及以下混凝土的有关规定进行验算。

【讲解说明】

混凝土结构的构件计算及验算的内容，可以参考现行国家标准《混凝土结构设计规范》GB 50010 中的相关规定进行。由于内容重复，因此本《指南》没有一一列出。

值得注意的是，由于我国缺乏相关研究数据，因此，在现行国家标准《混凝土结构设计规范》中仅规定了 C80 及以下混凝土的各项参数指标。随着我国高层大跨结构的增多，很多高强混凝土逐步的应用起来。目前我国的混凝土制备能力已经可以达到 C120。但是在 C80 以上混凝土的应用时，没有相关的设计规定可循。

4.4 构造要求

4.4.1 伸缩缝间距

由于混凝土在硬化过程中要收缩，为避免工程中的间接裂缝，在施工时应设置伸缩缝。现行国家标准《混凝土结构设计规范》GB 50010 规定了不同结构形式的伸缩缝最小间距的建议值，见表 4.4.1。

钢筋混凝土结构伸缩缝最大间距   表 4.4.1

结构类别		室内或土中（m）	露天（m）
排架结构	装配式	100	70
框架结构	装配式	75	50
	现浇式	55	35
剪力墙结构	装配式	65	40
	现浇式	45	30
挡土墙、地下室墙壁等类结构	装配式	40	30
	现浇式	30	20

注：①装配整体式结构的伸缩缝间距，可根据结构的具体情况取表中装配式结构与现浇式结构之间的数值；
②框架—剪力墙结构或框架—核心筒结构房屋的伸缩缝间距，可根据结构的具体情况取表中框架结构与剪力墙结构之间的数值；
③当屋面无保温或隔热措施时，框架结构、剪力墙结构的伸缩缝间距宜按表中露天栏的数值取用；
④现浇挑檐、雨罩等外露结构的局部伸缩缝间距不宜大于 12m。

对下列情况，本《指南》表 4.4.1 中的伸缩缝最大间距宜适当减小：

1. 柱高（从基础顶面算起）低于 8m 的排架结构；

2. 屋面无保温、隔热措施的排架结构；

3. 位于气候干燥地区、夏季炎热且暴雨频繁地区的结构或经常处于高温作用下的结构；

　　4.采用滑模类工艺施工的各类墙体结构；

　　5.混凝土材料收缩较大，施工期外露时间较长的结构。

　　对下列情况，如有充分依据和可靠措施，本《指南》表4.4.1中的伸缩缝最大间距可适当增大：

　　1.采用低收缩混凝土材料，采取分仓浇筑、后浇带、控制缝等施工方法，并加强施工养护；

　　2.采用专门的预加应力或增配构造钢筋的措施；

　　3.采取减小混凝土收缩或温度变化的措施。

　　当增大伸缩缝间距时，尚应考虑温度变化和混凝土收缩对结构的影响。

　　当设置伸缩缝时，框架、排架结构的双柱基础可不断开。

　　配制C60以上混凝土时，由于高强混凝土早期收缩较大，因此建议伸缩缝的最大间距应适当减小。

【讲解说明】

　　混凝土结构的伸（膨胀）缝、缩（收缩）缝合称伸缩缝。伸缩缝是结构缝的一种，目的是为减小由于温差（早期水化热或使用期季节温差）和体积变化（施工期或使用早期的混凝土收缩）等间接作用效应积累的影响，将混凝土结构分割为较小的单元，避免引起较大的约束应力和开裂。

　　由于现代水泥标号提高、水化热加大、凝固时间缩短；混凝土强度等级提高、流动性加大、结构的体量越来越大；为满足混凝土泵送、免振等工艺，混凝土的组分变化造成收缩增加，近年由此而引起的混凝土体积收缩呈增大趋势，现浇混凝土结构的裂缝问题比较普遍。

　　工程调查和试验研究表明，影响混凝土间接裂缝的因素很多，不确定性很大，而且间接作用的影响还有增大的趋势。

　　表4.4.1中注①中的装配整体式结构，也包括由叠合构件加后浇层形成的结构。由于预制混凝土构件已基本完成收缩，故伸缩缝的间距可适当加大。应根据具体情况，在装配与现浇之间取值。表注②规定的规定同理。表注③、表注④则由于受到环境条件的影响较大，加严了伸缩缝间距的要求。

　　对于某些间接作用效应较大的不利情况，伸缩缝的间距宜适当减小。本《指南》正文所述的"滑模施工"应用对象除剪力墙外也包括一般墙体结构。"混凝土材料收缩较大"是指泵送混凝土及免振混凝土施工的情况。"施工外露时间较长"是指跨季节施工，尤其是北方地区跨越冬期施工时，室内结构如果未加封闭和保暖，则低温、干燥、多风都可能引起裂缝。

　　近年许多工程实践表明：采取有效的综合措施，伸缩缝间距可以适当增大。工程实践表明，施工阶段采取的防裂措施最为有效，可采用低收缩混凝土；加强浇筑后的养护；采用跳仓法、后浇带、控制缝等施工措施。后浇带是避免施工期收缩裂缝的有效措施，但间隔期及具体做法不确定性很大，难以统一规定时间，由施工、设计根据具体情况确定。应该注意的是：后浇带可适当增大伸缩缝间距，但不能代替伸缩缝。

　　控制缝也称引导缝，是采取弱化截面的构造措施，引导混凝土裂缝在规定的位置产生，并预先做好防渗、止水等措施，或采用建筑手法（线脚、饰条等）加以掩饰。

结构的形状曲折、刚度突变，孔洞凹角等部位容易在温差和收缩作用下开裂。在这些部位增加构造配筋可以控制裂缝。施加预应力也可以有效地控制温度变化和收缩的不利影响，减小混凝土开裂的可能性。本条中所指的"预加应力措施"是指专门用于抵消温度、收缩应力的预加应力措施。

容易受到温度变化和收缩影响的结构部位是指施工期的大体积混凝土（水化热）以及暴露的屋盖、山墙部位（季节温差）等。在这些部位应分别采取针对性的措施（如施工控温、设置保温层等）以减少温差和收缩的影响。

4.4.2 保护层厚度

构件中普通钢筋及预应力筋的混凝土保护层厚度应满足下列要求：

1. 构件中受力钢筋的保护层厚度不应小于钢筋的直径 d；

2. 设计使用年限为 50 年的混凝土结构，最外层钢筋的保护层厚度应符合表 4.4.2 的规定；设计使用年限为 100 年的混凝土结构，最外层钢筋的保护层厚度不应小于表 4.4.2 中数值的 1.4 倍。

混凝土保护层的最小厚度 c 表 4.4.2

环境类别	板、墙、壳（mm）	梁、柱（mm）
室内干燥环境； 无侵蚀性静水浸没环境	15	20
室内潮湿环境； 非严寒和非寒冷地区的露天环境； 非严寒和非寒冷地区与无侵蚀性的水或土壤直接接触的环境； 严寒和寒冷地区的冰冻线以下与无侵蚀性的水或土壤直接接触的环境	20	25
干湿交替环境； 水位频繁变动环境； 严寒和寒冷地区的露天环境； 严寒和寒冷地区的冰冻线以上与无侵蚀性的水或土壤直接接触的环境	25	35
严寒和寒冷地区冬季水位变动环境； 受除冰盐影响环境； 海风环境	30	40
盐渍土环境； 受除冰盐作用环境； 海岸环境	40	50

注：① 本表环境等级执行现行国家标准《混凝土结构设计规范》GB/T 50010；
    ② 钢筋混凝土基础宜设置混凝土垫层，其受力钢筋的混凝土保护层厚度应从垫层顶面算起，且不应小于 40mm。

当有充分依据并采取下列有效措施时，可适当减小混凝土保护层的厚度。

1. 构件表面有可靠的防护层。

2. 采用工厂化生产的预制构件，并能保证预制构件混凝土的质量。

3. 在混凝土中掺加阻锈剂或采用阴极保护处理等防锈措施。

4. 当对地下室墙体采取可靠的建筑防水做法或防腐措施时，与土壤接触一侧钢筋的保护层厚度可适当减少，但不应小于 25mm。

当梁、柱、墙中纵向受力钢筋的保护层厚度大于 50mm 时，宜对保护层采取有效的构造措施。可在保护层内配置防裂、防剥落的焊接钢筋网片，网片钢筋的保护层厚度不应小于 25mm，并应采取有效的绝缘、定位措施。

有防火要求的建筑物，其混凝土保护层厚度尚应符合国家现行有关标准的规定。

【讲解说明】

本条所作出的规定，根据我国对混凝土结构耐久性的调研及分析，并参考现行国家标准《混凝土结构耐久性设计规范》GB/T 50476 以及国外相应规范、标准的有关规定制订的，2010 版的《混凝土结构设计规范》对保护层厚度的规定进行了调整，主要包括以下几个方面：

1. 混凝土保护层厚度不小于受力钢筋直径（单筋的公称直径或并筋的等效直径）的要求，是为了保证握裹层混凝土对受力钢筋的锚固。

2. 从混凝土碳化、脱钝和钢筋锈蚀的耐久性角度考虑，不再以纵向受力钢筋的外缘，而以最外层钢筋（包括箍筋、构造筋、分布筋等）的外缘计算混凝土保护层厚度。修订后的保护层实际厚度比原规范实际厚度普遍加大。

3. 根据《混凝土结构设计规范》第 3.5 节对结构所处耐久性环境类别的划分，调整混凝土保护层厚度的数值。对一般情况下混凝土结构的保护层厚度稍有增加；而对恶劣环境下的保护层厚度增幅较大。

4. 简化现行国家标准《混凝土结构设计规范》表 8.2.1 的表达：根据混凝土碳化反应的差异和构件的重要性，按平面构件（板、墙、壳）及杆状构件（梁、柱）分两类确定保护层厚度；表中不再列入强度等级的影响，C30 以上统一取值，C25 及以下均增加 5mm。

5. 考虑碳化速度的影响，使用年限 100 年的结构，保护层厚度取 1.4 倍。已在第 3.5 节中表达，不再列出。

6. 为保证基础钢筋的耐久性，根据工程经验基础底面要求做垫层，基底保护层厚度仍取 40mm。

根据工程经验及具体情况采取有效的综合措施，可以提高构件的耐久性能，减小保护层的厚度。

构件的表面防护是指表面抹灰层以及其他各种有效的保护性涂料层。例如，地下室墙体采用防水、防腐做法时，与土壤接触面的保护层厚度可适当放松。

由工厂生产的预制混凝土构件，经过检验而有较好质量保证时，可根据工程经验对保护层厚度要求适当放松。

使用阻锈剂应经试验检验效果良好，并应在确定有效的工艺参数后应用。

采用环氧树脂涂层钢筋、镀锌钢筋或采取阴极保护处理等防锈措施时，保护层厚度可适当放松。

当保护层很厚时（例如配置粗钢筋；框架顶层端节点弯弧钢筋以外的区域等），宜采取有效的措施对厚保护层混凝土进行拉结，防止混凝土开裂剥落、下坠。通常为保护层采用纤维混凝土或加配焊接钢筋网片。为保证防裂钢筋网片不致成为引导锈蚀的通道，应对其采取有效的绝缘和定位措施，此时网片钢筋的保护层厚度可适当减小，但不应小于25mm。

为满足建筑防火的要求，混凝土保护层的厚度尚应满足现行国家标准《建筑防火规范》GB 50016 和《高层民用建筑设计防火规范》GB 50045 的要求。

4.4.3 钢筋的锚固

钢筋的锚固长度计算及搭接长度计算，可按现行国家标准《混凝土结构设计规范》GB 50010—2010 第 8.5 节的规定进行。需要注意的是，当混凝土强度等级高于 C60 时，按 C60 取值。

4.4.4 配筋率

现行国家标准《混凝土结构设计规范》GB 50010 规定钢筋混凝土结构中纵向受力钢筋的配筋百分率不应小于表 4.4.4 规定的数值。

纵向受力钢筋的最小配筋百分率 ρ_{min} 表 4.4.4

受力类型		最小配筋百分率（%）
受压构件	全部纵向钢筋	强度级别 500N/mm²
		0.50
		强度级别 400N/mm² 0.55
		强度级别 300N/mm²、335N/mm² 0.60
	一侧纵向钢筋	0.20
受弯构件、偏心受拉、轴心受拉构件一侧的受拉钢筋		0.20 和 $45 f_t / f_y$ 中的较大值

注：① 受压构件全部纵向钢筋最小配筋百分率，当采用 C60 及以上强度等级的混凝土时，应按表中规定增加 0.10；

② 板类受弯构件的受拉钢筋，当采用强度级别 400N/mm²、500N/mm² 的钢筋时，其最小配筋百分率应允许采用 0.15 和 $45 f_t / f_y$ 中的较大值；

③ 偏心受拉构件中的受压钢筋，应按受压构件一侧纵向钢筋考虑；

④ 受压构件的全部纵向钢筋和一侧纵向钢筋的配筋率以及轴心受拉构件和小偏心受拉构件一侧受拉钢筋的配筋率均应按构件的全截面面积计算；

⑤ 受弯构件、大偏心受拉构件一侧受拉钢筋的配筋率应按全截面面积扣除受压翼缘面积 $(b'_f - b) h'_f$ 后的截面面积计算；

⑥ 当钢筋沿构件截面周边布置时，"一侧纵向钢筋"系指沿受力方向两个对边中一边布置的纵向钢筋。

如上所述，对于 C60 及以上的混凝土，表中数值应增加 0.1，对于 C80 以上的混凝土也应相应增加。

【讲解说明】

混凝土结构是钢筋与混凝土共同作用，承载受力的结构形式。在满足承载力的同时，还要保证一定的延性。根据试验研究和理论分析，混凝土构件中的钢筋配筋量，除要满足计算要求外，要保证一定的配筋率，保证构件的延性。

通过大量的工程应用和试验研究，在现行国家标准《混凝土结构设计规范》GB 50010 中规定了纵向钢筋的配筋率。

参照国内外有关规范的规定，对于截面厚度很大而内力相对较小的次要受弯构件，提出了少筋混凝土配筋的概念。

由构件截面的内力（弯矩 M）计算截面的临界厚度（h_{cr}）。按此临界厚度相应最小配筋率计算的配筋，仍可保证截面相应的受弯承载力。因此，在截面高度继续增大的条件下维持原有的实际配筋量，虽配筋率减少，但应仍能保证构件应有的承载力。但为保证一定的配筋量，应限制临界厚度不小于截面的一半。这样，在保证构件安全的条件下可以大大减少配筋量，具有明显的经济效益。

4.4.5 抗震设计要求-配筋率

有抗震要求的框架柱和框支柱的钢筋配置，应符合下列要求：

框架柱和框支柱中全部纵向受力钢筋的配筋百分率不应小于表4.4.5规定的数值，同时，每一侧的配筋百分率不应小于0.2；对Ⅳ类场地上较高的高层建筑，最小配筋百分率应增加0.1。

柱全部纵向受力钢筋最小配筋百分率　　　　　　　　　　　　　表 4.4.5

柱类型	抗震等级			
	一级	二级	三级	四级
框架中柱、边柱（%）	0.9 (1.0)	0.7 (0.8)	0.6 (0.7)	0.5 (0.6)
框架角柱、框支柱（%）	1.1	0.9	0.8	0.7

注：① 对框架结构，应按表中数值增加0.1采用；
　　② 采用335MPa级、400MPa级纵向受力钢筋时，应分别按表中数值增加0.1和0.05采用；
　　③ 当混凝土强度等级为C60及以上时，应按表中数值加0.1采用。

【讲解说明】

框架柱纵向钢筋最小配筋率是抗震设计中的一项较重要的构造措施。其主要作用是：考虑到实际地震作用在大小及作用方式上的随机性，经计算确定的配筋数量仍可能在结构中造成某些估计不到的薄弱构件或薄弱截面；通过纵向钢筋最小配筋率规定可以对这些薄弱部位进行补救，以提高结构整体地震反应能力的可靠性；此外，与非抗震情况相同，纵向钢筋最小配筋率同样可以保证柱截面开裂后抗弯刚度不致削弱过多；另外，最小配筋率还可以使设防烈度不高地区一部分框架柱的抗弯能力在"强柱弱梁"措施基础上有进一步提高，这也相当于对"强柱弱梁"措施的某种补充。

4.4.6 抗震设计要求-轴压比

一、二、三、四级抗震等级的各类结构的框架柱、框支柱，其轴压比不宜大于表4.4.6规定的限值。对Ⅳ类场地上较高的高层建筑，柱轴压比限值应适当减小。

柱轴压比限值　　　　　　　　　　　　　表 4.4.6

结构体系	抗震等级			
	一级	二级	三级	四级
框架结构	0.65	0.75	0.85	0.90
框架—剪力墙结构、筒体结构	0.75	0.85	0.90	0.95
部分框支剪力墙结构	0.60	0.70	—	

注：① 轴压比指柱组合的轴向压力设计值与柱的全截面面积和混凝土轴心抗压强度设计值乘积之比值；
　　② 当混凝土强度等级为C65～C70时，轴压比限值宜按表中数值减小0.05；混凝土强度等级为C75～C80时，轴压比限值宜按表中数值减小0.10；
　　③ 表内限值适用于剪跨比大于2、混凝土强度等级不高于C60的柱；剪跨比不大于2的柱轴压比限值应降低0.05；剪跨比小于1.5的柱，轴压比限值应专门研究并采取特殊构造措施；
　　④ 沿柱全高采用井字复合箍，且箍筋间距不大于100mm、肢距不大于200mm、直径不小于12mm，或沿柱全高采用复合螺旋箍，且箍距不大于100mm、肢距不大于200mm、直径不小于12mm，或沿柱全高采用连续复合矩形螺旋箍，且螺旋净距不大于80mm、肢距不大于200mm、直径不小于10mm时，轴压比限值均可按表中数值增加0.10；
　　⑤ 当柱截面中部设置由附加纵向钢筋形成的芯柱，且附加纵向钢筋的总截面面积不少于柱截面面积的0.8%时，轴压比限值可按表中数值增加0.05。此项措施与注④的措施同时采用时，轴压比限值可按表中数值增加0.15，但箍筋的配箍特征值λᵥ仍可按轴压比增加0.10的要求确定；
　　⑥ 调整后的柱轴压比限值不应大于1.05。

【讲解说明】

   试验研究表明，受压构件的位移延性随轴压比增加而减小，因此对设计轴压比上限进行控制就成为保证框架柱和框支柱具有必要延性的重要措施之一。为满足不同结构类型框架柱、框支柱在地震作用组合下的位移延性要求，本条规定了不同结构体系中框架柱设计轴压比的上限值。

   近年来，国内外试验研究结果表明，采用螺旋箍筋、连续复合矩形螺旋箍筋等配筋方式，能在一般复合箍筋的基础上进一步提高对核心混凝土的约束效应，改善柱的位移延性性能，故规定当配置复合箍筋、螺旋箍筋或连续复合矩形螺旋箍筋，且配箍量达到一定程度时，允许适当放宽柱设计轴压比的上限控制条件。同时，国内研究表明，在钢筋混凝土柱中设置矩形核芯柱不仅能提高柱的受压承载力，也可提高柱的位移延性，且有利于在大变形情况下防止倒塌，类似于型钢混凝土结构中型钢的作用。因此，在设置矩形核芯柱，且核芯柱的纵向钢筋配置数量达到一定要求的情况下，也适当放宽了设计轴压比的上限控制条件。在放宽轴压比上限控制条件后，箍筋加密区的最小体积配筋率应按放松后的设计轴压比确定。

第 5 章 原材料要求

5.1 水泥

水泥是以硅酸盐水泥熟料和适量的石膏及规定的混合材料制成的水硬性胶凝材料。高性能混凝土宜采用通用硅酸盐水泥。通用硅酸盐水泥按混合材料的品种和掺量分为硅酸盐水泥、普通硅酸盐水泥、矿渣硅酸盐水泥、火山灰质硅酸盐水泥、粉煤灰硅酸盐水泥和复合硅酸盐水泥。大体积混凝土宜采用中、低热硅酸盐水泥。

1. 技术要求

（1）通用硅酸盐水泥的组分应符合表 5.1-1 的要求。

通用硅酸盐水泥的组分　　　　　　　　　　　　　　　表 5.1-1

品种	代号	组分（％）				
		熟料＋石膏	粒化高炉矿渣	火山灰质混合材料	粉煤灰	石灰石
硅酸盐水泥	P·I	100	—	—	—	—
	P·II	≥95	≤5	—	—	—
		≥95	—	—	—	≤5
普通硅酸盐水泥	P·O	≥80 且＜95	>5 且≤20[a]			—
矿渣硅酸盐水泥	P·S·A	≥50 且＜80	>20 且≤50[b]	—	—	—
	P·S·B	≥30 且＜50	>50 且≤70[b]	—	—	—
火山灰质硅酸盐水泥	P·P	≥60 且＜80	—	>20 且≤40[c]	—	—
粉煤灰硅酸盐水泥	P·F	≥60 且＜80	—	—	>20 且≤40[d]	—
复合硅酸盐水泥	P·C	≥50 且＜80	>20 且≤50[e]			

注：[a] 本组分材料为符合 GB 175—2007 第 5.2.3 的活性混合材料，其中允许用不超过水泥质量 8％且符合 GB 175—2007 第 5.2.4 的非活性混合材料或不超过水泥质量 5％且符合 GB 175—2007 第 5.2.5 的窑灰代替。

[b] 本组分材料为符合 GB/T 203 或 GB/T 18046 的活性混合材料，其中允许用不超过水泥质量 8％且符合 GB 175—2007 第 5.2.3 条的活性混合材料或符合 GB 175—2007 第 5.2.4 条的非活性混合材料或符合 GB 175—2007 第 5.2.5 条的窑灰中的任一种材料代替。

[c] 本组分材料为符合 GB/T 2847 的活性混合材料。

[d] 本组分材料为符合 GB/T 1596 的活性混合材料。

[e] 本组分材料为由两种（含）以上符合 GB 175—2007 第 5.2.3 条的活性混合材料或/和符合 GB 175—2007 第 5.2.4 条的非活性混合材料组成，其中允许用不超过水泥质量 8％且符合 GB 175—2007 第 5.2.5 条的窑灰代替。掺矿渣时混合材料掺量不得与矿渣硅酸盐水泥重复。

（2）化学指标

通用硅酸盐水泥化学指标应符合表 5.1-2 规定。

通用硅酸盐水泥的化学指标要求 表 5.1-2

品种	代号	不溶物（质量分数）（%）	烧失量（质量分数）（%）	三氧化硫（质量分数）%）	氧化镁（质量分数）（%）	氯离子（质量分数）（%）
硅酸盐水泥	P·Ⅰ	≤0.75	≤3.0	≤3.5	≤5.0a	≤0.06c
	P·Ⅱ	≤1.50	≤3.5			
普通硅酸盐水泥	P·O	—	≤5.0			
矿渣硅酸盐水泥	P·S·A	—	—	≤4.0	≤6.0b	
	P·S·B	—	—		-	
火山灰质硅酸盐水泥	P·P	—	—	≤3.5	≤6.0b	
粉煤灰硅酸盐水泥	P·F	—	—			
复合硅酸盐水泥	P·C	—	—			

注：a 如果水泥压蒸试验合格，则水泥中氧化镁的含量（质量分数）允许放宽至 6.0%。
　　b 如果水泥中氧化镁的含量（质量分数）大于 6.0%时，需进行水泥压蒸安定性试验并合格。
　　c 当有更低要求时，该指标由买卖双方协商确定。

（3）碱含量

水泥中碱含量按 $Na_2O+0.658K_2O$ 计算值表示。若使用活性骨料，用户要求提供低碱水泥时，水泥中的碱含量应不大于 0.60%或由买卖双方协商确定。

（4）凝结时间

硅酸盐水泥初凝不小于 45min，终凝不大于 390min；

普通硅酸盐水泥、矿渣硅酸盐水泥、火山灰质硅酸盐水泥和粉煤灰硅酸盐水泥初凝不小于 45min，终凝不大于 600min。

（5）安定性

沸煮法合格。

（6）强度

不同品种不同强度等级的通用硅酸盐水泥，其不同各龄期的强度应符合表 5.1-3 的规定。

通用硅酸盐水泥强度要求 表 5.1-3

品种	强度等级	抗压强度（MPa）		抗折强度（MPa）	
		3d	28d	3d	28d
硅酸盐水泥	42.5	≥17.0	≥42.5	≥3.5	≥6.5
	52.5	≥23.0	≥52.5	≥4.0	≥7.0
	62.5	≥28.0	≥62.5	≥5.0	≥8.0
普通硅酸盐水泥	42.5	≥17.0	≥42.5	≥3.5	≥6.5
	52.5	≥23.0	≥52.5	≥4.0	≥7.0
矿渣硅酸盐水泥 火山灰硅酸盐水泥 粉煤灰硅酸盐水泥 复合硅酸盐水泥	42.5	≥15.0	≥42.5	≥3.5	≥6.5
	52.5	≥21.0	≥52.5	≥4.0	≥7.0

（7）细度

硅酸盐水泥和普通硅酸盐水泥的比表面积不宜大于 350m²/kg；矿渣硅酸盐水泥、火山灰质硅酸盐水泥和粉煤灰硅酸盐水泥以筛余表示，$80\mu m$ 方孔筛筛余不大于 10% 或 $45\mu m$ 方孔筛筛余不大于 30%。

其他有关方面要求应符合现行国家标准《通用硅酸盐水泥》GB 175 的规定。

2. 水泥及其性能试验方法标准

（1）硅酸盐水泥、普通硅酸盐水泥、矿渣硅酸盐水泥、火山灰质硅酸盐水泥和粉煤灰硅酸盐水泥按现行国家标准《通用硅酸盐水泥》GB 175 规定执行。

（2）中、低热硅酸盐水泥或低热矿渣硅酸盐水泥按现行国家标准《中热硅酸盐水泥 低热硅酸盐水泥 低热矿渣硅酸盐水泥》GB 200 规定执行。

（3）组分按现行国家标准《水泥组分的定量测定》GB/T 12960 规定执行。

（4）不溶物、烧失量、氧化镁、三氧化硫和碱含量按现行国家标准《水泥化学分析方法》GB/T 176 规定执行。

（5）压蒸安定性按现行国家标准《水泥压蒸安定性试验方法》GB/T 750 规定执行。

（6）氯离子含量按现行行业标准《水泥原料中氯离子的化学分析方法》JC/T 420 规定执行。

（7）标准稠度用水量、凝结时间和安定性按现行国家标准《水泥标准稠度用水量、凝结时间、安定性检验方法》GB/T 1346 规定执行。

（8）强度按现行国家标准《水泥胶砂强度检验方法（ISO 法）》GB/T 17671 规定执行。

（9）比表面积按现行国家标准《水泥比表面积测定方法（勃氏法）》GB/T 8074 规定执行。

（10）$80\mu m$ 和 $45\mu m$ 筛余按现行国家标准《水泥细度检验方法（筛析法）》GB/T 1345 规定执行。

3. 应用要点

（1）宜采用强度等级不低于 42.5 级的通用硅酸盐水泥。

（2）同一强度等级和品种的水泥，尽量采用较高胶砂强度的水泥，42.5 级水泥的 28d 胶砂强度不宜低于 48MPa。

（3）当地矿物掺合料资源充足时，尽量采用硅酸盐水泥或普通硅酸盐水泥，当地缺乏矿物掺合料时，可以采用其他通用硅酸盐水泥。

（4）水泥品种与强度等级的选用应根据设计、施工要求以及工程所处环境确定。对于一般建筑结构及预制构件的普通混凝土，宜采用通用硅酸盐水泥；高强混凝土和有抗冻要求的混凝土宜采用硅酸盐水泥或普通硅酸盐水泥；有预防混凝土碱—骨料反应要求的混凝土工程宜采用碱含量低于 0.6% 的水泥；大体积混凝土宜采用中、低热硅酸盐水泥或低热矿渣硅酸盐水泥，也可使用硅酸盐水泥或普通硅酸盐水泥同时复合使用大掺量的矿物掺合料；有抗硫酸盐侵蚀要求的混凝土，宜采用矿渣硅酸盐水泥、粉煤灰硅酸盐水泥或火山灰质硅酸盐水泥，也可使用硅酸盐水泥或普通硅酸盐水泥同时复合使用优质的矿物掺合料。

（5）应尽量使用均匀性和稳定性较好的水泥。

【讲解说明】

水泥的种类很多，按照矿物可分为硅酸盐水泥、铝酸盐水泥、硫铝酸盐水泥、铁铝酸盐水泥、氟铝酸盐水泥等。按照性能和用途分为一般用途水泥和特殊用途水泥。目前水泥品种约有100多种。为了便于命名和分类，从水泥本身的特点和使用角度出发，我国标准按水泥的用途和性能分为三类，即通用水泥、特性水泥和专用水泥。

1. 通用水泥——用于一般土木建筑工程的水泥。这类水泥实际上是硅酸盐水泥及其派生的品种。它用量大，使用面积广，目前品种有硅酸盐水泥、普通硅酸盐水泥、矿渣硅酸盐水泥、粉煤灰硅酸盐水泥、火山灰质硅酸盐水泥、复合硅酸盐水泥、磷渣硅酸盐水泥、石灰石硅酸盐水泥硫铝酸钙改性硅酸盐水泥、镁渣硅酸盐水泥。其中普通硅酸盐水泥、矿渣硅酸盐水泥和复合硅酸盐水泥是我国水泥市场的主导产品。

2. 特性水泥——某种性能比较突出的水泥。这类水泥主要是为满足不同的工程要求。主要品种有用于补偿收缩混凝土工程的膨胀水泥，用于大坝混凝土工程和要求水化热低的结构工程的中热硅酸盐水泥、低热硅酸盐水泥、低热矿渣硅酸盐水泥，用于要求早期强度较高的快硬硅酸盐水泥和硫铝酸盐水泥，用于高温条件的铝酸盐水泥，用于水泥混凝土路面工程的道路硅酸盐水泥，用于装饰工程的白色硅酸盐水泥等。

3. 专用水泥——专门用途的水泥。这类水泥用途单一，如专用于加固油、气井工程的油井水泥，用于砌筑和抹灰的砌筑水泥等。

高性能混凝土使用的一般就是现行国家标准《通用硅酸盐水泥》GB 175规定的水泥品种。

在水泥技术要求方面，本指南指标与现行国家标准《通用硅酸盐水泥》GB 175比较，可见下述的3点说明。

1. 未列入早强型水泥（即后缀"R"的水泥）。原因是早强型水泥一般 C_3A 或 C_3S 含量高，或者粉磨细度大，用这种水泥制备的混凝土体积稳定性差，容易收缩开裂，影响结构耐久性。

2. 高性能混凝土中几乎不使用32.5强度等级的水泥，因此，未列入这一强度等级的水泥。

关于水泥品种问题，主要涉及水泥中的混合材料。强调当地有合格的矿物掺合料时，鼓励采用硅酸盐水泥或普通硅酸盐水泥，严格控制水泥中混合材掺量。优质的水泥是制备高性能混凝土的基础，与发达国家相比，我国P·Ⅰ或P·Ⅱ硅酸盐水泥用量很少，大多数水泥企业的产品纲领以P·O 42.5水泥为主，混凝土生产企业仅从水泥单价考虑，没有坚持要求水泥企业提供P·Ⅰ型硅酸盐水泥，水泥企业也乐得提供利润相对较高的P·O水泥。混凝土生产企业使用P·O水泥，在计算活性掺合料掺量时，通常不考虑所用的水泥中已经掺加了混合材料，在混凝土中就会出现超掺问题。现行国家标准《通用硅酸盐水泥》GB 175—2007规定了必须明示水泥中混合材料的品种和掺量，并要求水泥中混合材料不应超过20%，生产者在正常情况下应按现行国家标准《水泥组分的定量测定》GB/T 12960或准确度更高的方法，至少每月对水泥组分进行校核。但实际情况是，有些水泥厂采用分别粉磨技术和掺加含有早强激发组分的助磨剂后，大幅度提高水泥中混合材的掺量，在所谓的"P·O 42.5"水泥中，混合材料掺量超出现行国家标准《通用硅酸盐水泥》GB 175—2007的规定，如果在混凝土生产时再掺加大量的掺合料，则混凝土中水泥熟料含量就相对少了，就性质而言，该胶凝材料体系已经趋向石膏矿渣水泥，其水化产物的pH值低于硅酸盐水泥，不仅会给钢筋混凝土结构带来潜在的锈蚀风险，而且混凝土后期强度增长幅度很少。在现行国家标准《通用硅酸盐水泥》GB 175—2007 中，水泥组分不是强制性条文，仅由生产者自行检验，缺乏监督和管理，且大多数的混凝土生产商对该条文和检验方法不熟悉，不能有效维护自身的合法权益。建议混凝土生产企业严格控制水泥的组分，作为进场检验项目检测。在有粉煤灰、矿渣粉等矿物掺合料的地区，胶凝材料最好的组配是水泥厂提供 P·Ⅰ 或 P·Ⅱ 硅酸盐水泥，混凝土生产企业外掺粉煤灰、矿渣粉等矿物掺合料。这样不仅易于保证混凝土质量，而且减少社会物流成本，节能减排。

当地没有合格的矿物掺合料时，应尽量采用矿渣硅酸盐水泥、粉煤灰硅酸盐水泥或火山灰质硅酸盐水泥。原因是制备高性能混凝土，需要使用一定量的矿物掺合料，在没有合格矿物掺合料的地区，使用矿渣硅酸盐水泥、粉煤灰硅酸盐水泥或火山灰质硅酸盐水泥是合理选择。

3. 关于水泥细度问题，本《指南》要求硅酸盐水泥和普通硅酸盐水泥的比表面积不宜大于 350m²/kg。现行国家标准《通用硅酸盐水泥》GB 175—2007 中，对于硅酸盐水泥和普通硅酸盐水泥规定的细度是比表面积不小于 300m²/kg，但该指标是选择性指标，也就是说，与碱含量指标一样，可以由买卖双方协商。该标准没有对水泥细度的上限做规定。目前工程中遇到的问题是水泥普遍偏细，以 P·O 42.5 水泥为例，比表面积约为 380～430m²/kg，水泥的放热速率快，后期强度增长率小，导致混凝土收缩开裂现象普遍，后期强度不增长，甚至倒缩，这种细水泥不适合高性能混凝土。国内外研究表明，水泥中含有适量的中粗颗粒，不仅放热慢、收缩小，而且有利于保障混凝土后期强度增长，对混凝土工程耐久性具有重要作用。

关于耐硫酸盐侵蚀问题。研究表明，粉煤灰硅酸盐水泥、矿渣硅酸盐水泥、火山灰质硅酸盐水泥的耐硫酸盐侵蚀性能优于普通硅酸盐水泥和硅酸盐水泥；在普通硅酸盐水泥或硅酸盐水泥中掺加适量的活性矿物掺合料能够大幅度提高其耐硫酸盐侵蚀性能。

就一般场合而言，本指南鼓励使用较粗的 P·Ⅰ 或 P·Ⅱ 硅酸盐水泥，外掺优质矿物掺合料的胶凝材料配制高性能混凝土。

5.2　矿物掺合料

配制高性能混凝土，应采用有国家标准或行业标准的矿物掺合料，主要包括粉煤灰、粒化高炉矿渣粉、硅灰、钢渣粉、磷渣粉、石灰石粉、天然火山灰等；可采用两种或两种以上的矿物掺合料按一定比例混合使用。矿物掺合料相关的现行国家标准和现行行业标准有：《矿物掺合料应用技术规范》GB/T 51003、《用于水泥和混凝土中的粉煤灰》GB/T 1596、《用于水泥和混凝土中的粒化高炉矿渣粉》GB/T 18046、《用于水泥和混凝土中的钢渣粉》GB/T 20491、《用于水泥和混凝土中的粒化电炉磷渣粉》GB/T 26751、《砂浆和混凝土中用硅灰》GB/T 27690、《石灰石粉混凝土》GB/T 30190、《水泥砂浆和混凝土用天然火山灰质材料》JG/T 315 等。

【讲解说明】

矿物掺合料是制备高性能混凝土的标志性材料。在配制混凝土时加入适宜量的矿物掺合料，可以降低温升，改善工作性，增进强度，并可以改善混凝土内部结构，提高抗腐蚀能力。

　　矿物掺合料不仅可以取代部分水泥、减少混凝土的水泥用量、降低成本，而且可以改善混凝土拌合物性能和硬化混凝土性能。因此，高性能混凝土中掺用矿物掺合料，其技术、经济和环境效益是十分显著的。

　　矿物掺合料与水泥混合材料在品种和矿物成分方面基本相同，所不同的是使用方式和品质要求。水泥混合材料与水泥熟料一起粉磨，一般达不到理想的细度，因此其优化颗粒级配的填充效应和潜在活性发挥不出来。矿物掺合料是单独粉磨的粉体，一般而言矿物掺合料比水泥更细，而且越细的矿物掺合料，活性越好；在使用方式上，矿物掺合料是在混凝土搅拌时掺入，与混凝土其他组分一同搅拌，其掺量可以根据混凝土性能要求随时调节，使用更灵活。

　　矿物掺合料大致可分为活性矿物掺合料和非活性矿物掺合料两大类。其中活性矿物掺合料是指具有胶凝性或火山灰性的材料，如粒化高炉矿渣、粉煤灰、硅粉、钢渣粉、磷渣粉、天然火山灰等。非活性矿物掺合料是指不具备化学反应活性，但是能够优化胶凝材料的颗粒级配，实现胶凝材料最紧密堆积。如磨细的石灰石粉等。

　　最常使用的矿物掺合料是粉煤灰和矿渣粉，在高强混凝土中也使用硅灰。随着机制砂使用渐趋普遍，石灰石粉用量也日渐增多。地域性使用钢渣粉、磷渣粉、天然火山灰、沸石粉等矿物掺合料也在发展。

　　高性能混凝土应使用有国家标准或行业标准的矿物掺合料，在正文中列出，供查阅。

5.2.1　粉煤灰

　　用于高性能混凝土的粉煤灰包括直接从电厂煤粉炉烟道气体中收集和分选的粉煤灰以及在其基础上进行磨细的粉煤灰。按煤种粉煤灰分为F类和C类：F类粉煤灰是由无烟煤或烟煤燃烧收集的粉煤灰；C类粉煤灰是由褐煤或次烟煤燃烧收集的粉煤灰，氧化钙含量高于F类粉煤灰，一般大于10%。

　　1. 技术要求

　　用于高性能混凝土的粉煤灰应符合表5.2.1-1中技术要求。

高性能混凝土用粉煤灰技术要求

表5.2.1-1

项目		技术要求
细度（45μm方孔筛筛余，%），		≤25.0
需水量比（%）		≤105
烧失量（%）		≤8.0
含水量（%）		≤1.0
三氧化硫（%）		≤3.0
游离氧化钙，不大于/%	F类粉煤灰	≤1.0
	C类粉煤灰	≤4.0
安定性　雷氏夹沸煮后增加距离（mm）	C类粉煤灰	≤5.0
放射性		合格

　　用于高性能混凝土的磨细粉煤灰应符合表5.2.1-2中技术要求。

项目		技术要求
比表面积（m²/kg）		≥400
需水量比（%）		≤105
烧失量（%）		≤8.0
含水量（%）		≤1.0
三氧化硫（%）		≤3.0
游离氧化钙，不大于（%）	F 类粉煤灰	≤1.0
	C 类粉煤灰	≤4.0
安定性　雷氏夹沸煮后增加距离，不大于（mm）	C 类粉煤灰	≤5.0
活性指数（%）	7d	≥75
	28d	≥85
放射性		合格

其他有关方面要求应符合现行国家标准《用于水泥和混凝土中的粉煤灰》GB/T 1596 的规定，磨细粉煤灰还应符合现行国家标准《高强高性能混凝土用矿物外加剂》GB/T 18736 中对粉煤灰的规定。

2. 粉煤灰性能试验方法

（1）细度、需水量比、含水量、活性指数和均匀性按现行国家标准《用于水泥和混凝土中的粉煤灰》GB/T 1596 规定执行。

（2）烧失量、三氧化硫、游离氧化钙和碱含量按现行国家标准《水泥化学分析方法》GB/T 176 规定执行。

（3）安定性按现行国家标准《水泥标准稠度用水量、凝结时间、安定性检验方法》GB/T 1346 规定执行。

（4）放射性按现行国家标准《建筑材料放射性核素限量》GB 6566 规定执行。

3. 应用要点

（1）粉煤灰的主要控制项目应包括细度、需水量比、烧失量和三氧化硫含量，C 类粉煤灰的主要控制项目还应包括游离氧化钙含量和安定性。

（2）尽量采用需水量比小、烧失量小的粉煤灰。

（3）使用 C 类粉煤灰应注意其安定性，掺量不宜超过胶凝材料总量的 25%。

（4）掺用粉煤灰有利于改善混凝土拌合物的工作性，尤其对于改善混凝土泵送性能非常重要。

（5）掺加粉煤灰有利于提高抗渗透性能，也有利于混凝土抗化学侵蚀性能。

（6）应尽量采用与矿渣粉等其他掺合料复合使用，充分发挥多种掺合料的叠加效应，最大程度实现混凝土的高性能化。

（7）掺用粉煤灰会对混凝土早期强度产生影响，对混凝土早期强度及其增长率要求不降低的情况，应控制掺量或采用矿渣粉部分取代，必要时可采用早强剂，预应力混凝土除外。

（8）粉煤灰掺量较大时，尤其使用大掺量粉煤灰时，会对混凝土抗冻、抗碳化、耐磨等性能产生影响，可采用适当降低水胶比、掺加引气剂等专用外加剂等技术措施。

【讲解说明】

粉煤灰亦称飞灰，是由燃煤电厂烟囱收集的粉体材料，含有大量球状玻璃珠，以及莫来石、石英和少量方解石、钙长石、β-C_2S、赤铁矿和磁铁矿等矿物结晶体。

现行国家标准《用于水泥和混凝土中的粉煤灰》GB/T 1596—2005 将粉煤灰分为 F 类和 C 类，我国大部分燃煤电厂排放的是 F 类粉煤灰；一些电厂采用褐煤、次煤作为燃料，排放的粉煤灰中氧化钙含量大于 10%，称为 C 类粉煤灰。C 类粉煤灰一般具有需水量比低、活性高等特点，其氧化钙有一部分是以游离态存在，应注意安定性问题。

在粉煤灰技术要求方面，本《指南》指标与现行国家标准《用于水泥和混凝土中的粉煤灰》GB/T 1596-2005 比较，需要重点说明的是，须至少达到Ⅱ级粉煤灰的指标要求。

制备高性能混凝土，需水量比是衡量粉煤灰品质的关键指标，粉煤灰需水量比越低，其辅助减水效果就越好，拌合物流动性相同混凝土的水胶比会相应降低，混凝土的性能就会提升。

C 类粉煤灰的氧化钙含量一般大于 10%，并有一部分以游离态存在，因此必须严格控制，保证安定性，现行标准对此有严格规定。首先 C 类粉煤灰中的游离氧化钙含量应不大于 4%，其次按照 30% 取代水泥量进行沸煮安定性试验，两者都合格后方可使用；其次，在使用和掺量方面也应控制，如北京市地方标准《混凝土矿物掺合料应用技术规程》DBJ/T 01—64—2002 规定，高钙粉煤灰不宜用于复合掺合料；不得用于掺膨胀剂或防水剂的混凝土中，高钙粉煤灰用于结构混凝土时，根据所用水泥的不同，其掺量不应超过以下限制：在矿渣硅酸盐水泥中不大于 10%，在普通硅酸盐水泥中不大于 15%，在硅酸盐水泥中不大于 20%。

出于降低混凝土成本考量，很多混凝土生产企业会过于增加配合比中粉煤灰的含量，而不考虑由此带来的混凝土耐久性问题，这是需要在高性能混凝土应用过程中注意的。研究和实践表明，在混凝土中大掺量掺入粉煤灰，会降低混凝土的抗碳化性能和抗冻性能，因此，在必须使用大掺量粉煤灰时，应采用较低水胶比，增加混凝土密实性，进而增强抗碳化的能力，对于抗冻混凝土，则需要掺加引气剂。

在高性能混凝土中合理掺加优质粉煤灰，可以显著改善混凝土拌合物的和易性，降低混凝土水化热，提高硬化混凝土的后期强度增长率，也有利于改善混凝土的某些耐久性能，例如改善抑制碱骨料反应性能和抗硫酸盐腐蚀性能。因此，粉煤灰是制备高性能混凝土的良好原材料。

高性能混凝土中使用粉煤灰已经非常普遍，掺加粉煤灰已经是制备高性能混凝土的必要技术手段，如青藏铁路、京沪高铁等，工程实例不胜枚举。

5.2.2 矿渣粉

矿渣粉是粒化高炉矿渣粉的简称，是一种优质的矿物掺合料，由符合现行国家标准《用于水泥中的粒化高炉矿渣》GB/T 18046 标准的粒化高炉矿渣作为主要原料，可掺加少量石膏，经过粉磨，制成一定细度且符合一定活性指数的粉体。

1. 技术要求

用于高性能混凝土的矿渣粉应符合表 5.2.2 中技术要求。

项目		技术指标
密度（g/cm³）		≥2.8
比表面积（m²/kg）		≥400
活性系数（%）	7d	≥75
	28d	≥95
流动度比（%）		≥95
含水量（质量分数）（%）		≤1.0
三氧化硫（质量分数）（%）		≤4.0
氯离子（质量分数）（%）		≤0.06
烧失量（质量分数）（%）		≤3.0
玻璃体含量（质量分数）（%）		≥85
放射性		合格

其他有关方面要求应符合现行国家标准《用于水泥和混凝土中的粒化高炉矿渣粉》GB/T 18046 的规定。

2. 矿渣粉性能试验方法

（1）流动度比、活性指数、含水量和玻璃体含量按现行国家标准《用于水泥和混凝土中的粒化高炉矿渣粉》GB/T 18046 规定执行。

（2）三氧化硫按现行国家标准《水泥化学分析方法》GB/T 176 规定执行。

（3）氯离子含量按现行行业标准《水泥原料中氯离子的化学分析方法》JC/T 420 规定执行。

（4）密度按现行国家标准《水泥密度测定方法》GB/T 208 规定执行。

（5）比表面积按现行国家标准《水泥比表面积测定方法（勃氏法）》GB/T 8074 规定执行。

（6）烧失量按现行国家标准《水泥化学分析方法》GB/T 176 的方法进行，但是灼烧时间为 15～20min。矿渣粉在灼烧过程中由于硫化物的氧化引起的误差，按照《用于水泥和混凝土中的粒化高炉矿渣粉》GB/T 18046 进行校正。

（7）放射性按现行国家标准《建筑材料放射性核素限量》GB 6566 规定执行。

3. 应用要点

（1）矿渣粉的比表面积、活性指数和流动度比是矿渣粉应用中重要的技术指标；应尽量采用活性指数大、流动度比大的矿渣粉。

（2）矿渣粉作为矿物掺合料，活性高于除硅粉外的一般矿物掺合料，在大掺量范围内，仍有良好的强度性能，这是矿渣粉的重要特点。

（3）掺加矿渣粉有利于提高抗渗透性能和抗化学侵蚀性能，矿渣粉还具有较小的电通量，加之具有良好的强度性能，因此，适用于海洋环境、盐渍土环境等工程的防腐蚀时较大量掺加。

（4）低水胶比时，矿渣粉掺量较大时，混凝土黏度较大，会影响混凝土施工性能，因此，与粉煤灰复合使用，可以发挥各自的特点，并且可以充分发挥其叠加效应，最大程度实现混凝土的高性能化。

（5）高性能混凝土使用矿渣时应注意比表面积大的矿渣粉会增大混凝土水化放热问题。

（6）应注意避免采用掺加石粉的矿渣粉，可采用检验玻璃体含量或者烧失量的手段预防。

（7）掺加较多矿渣粉时，应注意混凝土的泌水问题。

【讲解说明】

粒化高炉矿渣是从炼铁高炉中排出的，以硅酸盐和铝酸盐为主要成分的熔融物，经淬冷成粒。矿渣的主要化学成分是 CaO、SiO_2、Al_2O_3 和 Fe_2O_3 等。一般用质量系数 K 来评价粒化高炉矿渣的活性：

$$K = \frac{CaO + Al_2O_3 + MgO}{SiO_2 + MnO + TiO_2}$$

质量系数 K 值越大，矿渣的活性越高。用于生产矿渣粉的矿渣，其质量系数 K 应该大于 1.2。此外，粒化高炉矿渣的活性，还与淬冷前熔融矿渣的温度、淬冷方法和淬冷速度等有关，质量系数仅是从化学成分方面反映其活性的一个指标。

粒化高炉矿渣在水淬时除形成大量玻璃体外，还含有钙镁铝黄长石和很少的硅酸一钙或硅酸二钙结晶体，因此具有微弱的水硬性。

在矿渣粉技术要求方面，本《指南》指标与现行国家标准《用于水泥和混凝土中的粒化高炉矿渣粉》GB/T 18046 比较，需要重点说明的是，须满足不低于 S95 级矿渣粉的指标要求。

矿渣粉的细度对混凝土性能影响很大，直接影响其活性指数和流动度比。

随着矿渣粉比表面积增大，矿渣的平均粒径减小。当比表面积为 $300m^2/kg$ 时，平均粒径为 $21.2\mu m$；比表面积为 $400m^2/kg$ 时，平均粒径为 $14.5\mu m$；比表面积为 $800m^2/kg$ 时，平均粒径为 $2.5\mu m$，仅为表面积 $300m^2/kg$ 的矿渣粒径的 1/8 左右。

粒径大于 $45\mu m$ 的矿渣颗粒很难参与水化反应，因此要求用于高性能混凝土的矿渣粉比表面积一般应超过 $400m^2/kg$，充分发挥其活性。用于配制高强度等级混凝土的矿渣粉，比表面积不宜小于 $600m^2/kg$，最佳掺量为 30%～50%。

一般矿渣粉磨越细，其流动度比越大、活性越高，掺入混凝土后，早期产生的水化热越大。当粉磨太细时，会产生类似硅灰的性质，活性虽然很高，但是流动度比降低。

掺加矿渣粉会改善和提高混凝土的综合性能：一般会减少混凝土需水量，改善胶凝材料与外加剂的适应性，降低混凝土水化热（矿渣粉比表面积不大于 $600m^2/kg$，掺加超过 30%掺量），提高硬化混凝土的后期强度增长率和耐腐蚀性能，改善抑制碱骨料反应的性能；重要的是，掺加矿渣粉对混凝土强度的影响明显小于除硅灰以外其他矿物掺合料，非常有利于必须采用大掺量矿物掺合料的场合，如海洋工程中的耐侵蚀混凝土等。

我国于 1990 年代中期开始使用矿渣粉，经过近 20 年推广和应用，其使用已经普及化。早期的工程，如北京八达岭高速公路山羊洼 1 号桥大型钢管混凝土结构拱桥、北京海洋馆 C80 高强混凝土、首都时代广场 C50 免振捣混凝土、首都机场 2 号航站楼工程等都使用了矿渣粉。现在的高速铁路、大型跨江跨海桥梁，在配制高性能混凝土时几乎都掺加矿渣粉。

5.2.3 钢渣粉

钢渣粉是由符合现行行业标准《用于水泥中的钢渣》YB/T 022 规定的转炉或电炉钢渣（简称钢渣），经磁选除铁处理后粉磨达到一定细度的产品。粉磨时允许加入适量符合现行国家标准《天然石膏》GB/T 5483 的石膏和符合现行行业标准《水泥助磨剂》JC/T 667 的水泥粉磨工艺外加剂。

1. 技术要求

用于高性能混凝土的钢渣粉应符合表 5.2.3 中技术要求。

高性能混凝土用钢渣粉技术要求

表 5.2.3

比表面积（m^2/kg）		≥400
密度（g/cm^3）		≥2.8
含水量（％）		≤1.0
游离氧化钙含量（质量分数）（％）		≤3.0
三氧化硫含量（质量分数）（％）		≤4.0
碱度系数		≥1.8
活性指数（％）	7d	≥65
	28d	≥80
流动度比（％）		≥90
安定性	沸煮法	合格
	压蒸法	当钢渣中 MgO 含量大于 13％时应检验合格
放射性		合格

其他有关方面要求应符合现行国家标准《用于水泥和混凝土中的钢渣粉》GB/T 20491 的规定。

2. 钢渣粉性能试验方法

（1）比表面积按现行国家标准《水泥比表面积测定方法（勃氏法）》GB/T 8074 规定执行。

（2）密度按现行国家标准《水泥密度测定方法》GB/T 208 规定执行。

（3）含水量按照现行国家标准《用于水泥和混凝土中的粒化高炉矿渣粉》GB/T 18046 规定执行。

（4）游离氧化钙含量按照现行行业标准《钢渣化学分析方法》YB/T 140 的规定执行。

（5）三氧化硫含量按照现行国家标准《水泥化学分析方法》GB/T 176 规定执行。

（6）活性指数与流动度比按照现行国家标准《用于水泥和混凝土中的钢渣粉》GB/T 20491 规定执行。

（7）安定性压蒸法和沸煮法分别按照现行国家标准《水泥压蒸安定性试验方法》GB/T 750 和《水泥标准稠度用水量、凝结时间、安定性检验方法》GB/T 1346 规定执行。

3. 应用要点

（1）活性指数、流动度比和安定性是钢渣粉应用中需要关注的重要指标。

（2）钢渣粉活性较低，磨得越细越有利于活性。

（3）注意钢渣粉中游离 CaO 和 MgO 引起混凝土有害膨胀的问题，应通过检验验证无害方可应用。使用硅酸盐水泥时钢渣粉的掺量不宜大于 30％，使用普通硅酸盐水泥时，钢渣粉的掺量不宜大于 20％。

（4）应考虑钢渣粉的均匀性和稳定性，避免使用受潮和混入杂物的钢渣粉。

（5）应尽量考虑与其他掺合料复合使用，有利于激发钢渣粉活性，弱化钢渣粉的弱点，同时充分发挥多种掺合料的叠加效应。

【讲解说明】

钢渣是炼钢生产的副产品，是从炼钢炉中排出的，以硅酸盐为主要成分的熔融物。钢渣的成分含有和水泥相似的活性矿物，主要是硅酸三钙（C_3S）、硅酸二钙（C_2S）。不同点在于钢渣的生成温度为 1650℃ 左右，而硅酸盐水泥熟料则在 1460℃ 左右温度下烧成。因此钢渣中 C_3S、C_2S 矿物结晶致密，晶体粗大完整，水化速度缓慢。

钢渣粉的活性主要来源于钢渣中所含 C_3S 和 C_2S 的数量，含量越多则钢渣粉的强度越高。其碱度 $\dfrac{CaO}{SiO_2+P_2O_5}$ 越大，则钢渣粉的活性也越高。

在钢渣粉技术要求方面，本指南指标与现行国家标准《用于水泥和混凝土中的钢渣粉》GB/T 20491 比较，需要重点说明的是，须满足一级钢渣粉的指标要求。

钢渣成分较复杂，且均含有 f-CaO，并以不同结构形态存在，且大部分结构致密，水化速度很慢，具有不稳定性，使用过程中需要密切注意其安定性，应通过检验验证无害方可应用，并应严格控制掺量，一般不宜大于 20%（采用普通硅酸盐水泥时）。

在高性能混凝土中，与粉煤灰和矿渣粉相比，钢铁渣粉的使用比例还比较少，但是随着粉煤灰和矿渣粉资源紧缺，钢铁渣粉将是一个有效的补充。

5.2.4 磷渣粉

高性能混凝土用的磷渣粉是粒化电炉磷渣粉的简称，是由电炉法制黄磷时所得到的以硅酸钙为主要成分的熔融物，经淬冷成粒得到粒化电炉磷渣（简称磷渣），经过磨细加工制成的粉末。

1. 技术要求

用于高性能混凝土的磷渣粉应符合表 5.2.4 中技术要求。

高性能混凝土用磷渣粉的技术要求　　　　　表 5.2.4

项　目		技术指标
质量系数		≥1.10
比表面积（m²/kg）		≥350
活性指数（%）	7d	≥60
	28d	≥85
流动度比（%）		≥95
含水量（%）		≤1.0
五氧化二磷含量（%）		≤3.5
三氧化硫含量（%）		≤3.5
氯离子含量（%）		≤0.06
碱含量（%）		≤1.0
烧失量（%）		≤3.0
安定性（沸煮法）		合格
放射性		合格

其他有关方面要求应符合现行国家标准《用于水泥和混凝土中的粒化电炉磷渣粉》GB/T 26751 的规定。

2. 磷渣粉的性能试验方法

（1）磷渣粉的三氧化二铝、五氧化二磷和碱含量按现行行业标准《粒化电炉磷渣化学分析方法》JC/T 1088 规定执行。

（2）质量系数、流动度比、活性指数和含水量按照现行行业标准《混凝土用粒化电炉磷渣粉》JG/T 317 规定执行。

（3）比表面积按现行国家标准《水泥比表面积测定方法（勃氏法）》GB/T 8074 规定执行。

（4）三氧化硫含量和烧失量按照现行国家标准《水泥化学分析方法》GB/T 176 规定执行。

（5）氯离子含量按照现行行业标准《水泥原料中氯离子的化学分析方法》JC/T 420 规定执行。

（6）安定性按照现行国家标准《水泥标准稠度用水量、凝结时间、安定性检验方法》GB/T 1346 规定执行。

（7）放射性按现行国家标准《建筑材料放射性核素限量》GB 6566 规定执行。

3. 应用要点

（1）磷渣粉的作用与矿渣粉接近，应用要点可参考矿渣粉，但其活性低于矿渣粉；磷渣粉的细度、活性指数、流动度比、五氧化二磷含量是磷渣粉应用中需要关注的重要指标。

（2）由于磷渣粉中五氧化二磷的作用，因此应重点注意磷渣粉对混凝土凝结时间的影响；磷渣粉比较适用于大体积混凝土。

（3）应尽量考虑磷渣粉与其他掺合料复合使用，可弱化磷渣粉的弱点，并充分发挥多种掺合料的叠加效应。

（4）应注意检验磷渣粉的放射性。

【讲解说明】

用电炉法制黄磷时，所得到的以硅酸盐为主要成分的熔融物经淬冷成粒后称为磷渣。磷渣的主要化学成分是 CaO 和 SiO_2，还含有少量 Al_2O_3 和 P_2O_5。磷渣的矿物组成与其产出状态密切相关。粒状电炉磷渣以玻璃态为主，玻璃体含量达 $85\%\sim90\%$，潜在矿物相为硅灰石和枪晶石，此外还有部分结晶相，如石英、假硅灰石、方解石及氟化钙等。粒状磷渣的玻璃体结构使其具有较高的潜在活性。

在磷渣粉技术要求方面，本《指南》指标与现行国家标准《用于水泥和混凝土中的粒化电炉磷渣粉》GB/T 26751 比较，需要重点说明的是，须满足不低于 L85 级磷渣粉的指标要求。

磷渣粉活性稍低于矿渣粉，使用时可参考矿渣粉。磷渣粉具有缓凝作用（由于 P_2O_5 的存在），因此高性能混凝土使用磷渣粉时应予以注意，但对于大体积混凝土，磷渣粉具有缓凝和降低混凝土水化热的作用，在控制混凝土收缩开裂方面具有积极意义。

磷渣粉具有较强的地域性，主要存在于我国西南地区。

5.2.5 硅灰

硅灰也称作硅粉，是在冶炼硅铁合金或工业硅时，通过烟道排出的粉尘，经收集得到的以无定形二氧化硅为主要成分的粉体材料。

1. 技术要求

用于高性能混凝土的硅灰应符合表5.2.5中技术要求。

高性能混凝土用硅灰的技术要求　　　　　　　　　　　　　　表 5.2.5

项目	技术指标
总碱量（%）	≤1.5
SiO₂ 含量（%）	≥90
比表面积（BET 法）（m²/g）	≥15
氯离子含量（%）	≤0.1
含水率（粉料）（%）	≤3.0
烧失量（%）	≤4.0
需水量比（%）	≤125
活性指数（7d 快速法）（%）	≥105
放射性	合格

其他有关方面要求应符合现行国家标准《砂浆和混凝土中用硅灰》GB/T 27690 的规定。

2. 硅灰性能试验方法

（1）二氧化硅含量、需水量比按现行国家标准《高强高性能混凝土用矿物外加剂》GB/T 18736 规定执行。

（2）氯离子含量按照现行行业标准《水泥原料中氯离子的化学分析方法》JC/T 420 规定执行。

（3）总碱量、含水率和烧失量按照现行国家标准《水泥化学分析方法》GB/T 176 规定执行。

（4）比表面积按现行国家标准《气体吸附 BET 法测定固态物质比表面积》GB/T 19587 规定执行。

（5）活性指数按照现行国家标准《砂浆和混凝土用硅灰》GB/T27690 规定执行。

（6）放射性按现行国家标准《建筑材料放射性核素限量》GB 6566 规定执行。

3. 应用要点

（1）硅灰的比表面积和二氧化硅含量是硅灰应用中需要关注的重要指标，应尽量选择比表面积大，二氧化硅含量高的硅灰。

（2）硅灰用于高性能混凝土中能够显著提高混凝土的强度，强度等级不低于 C80 的高强高性能混凝土一般会掺用适量硅灰。

（3）硅灰用于高性能混凝土能够显著提高抗渗透性能和耐腐蚀性能：用于海洋环境，能显著提高抗氯离子渗透性能，当掺用矿渣粉不能达到抗氯离子渗透性能指标要求时，掺用适量硅灰即可奏效；用于盐渍土等环境，具有显著的抗化学侵蚀作用，并且在降低电通量方面也较矿渣粉会有显效。

（4）硅灰用于高性能混凝土能够显著提高混凝土的耐磨性能，尤其适用于桥面混凝土等耐磨混凝土工程。

（5）由于硅灰比表面积大，应配合高效减水剂等外加剂共同使用。

（6）掺加硅灰增加混凝土收缩开裂的风险，因此，硅灰在高性能混凝土的掺量一般控制在胶凝材料的10%以内。

（7）高性能混凝土应用中应尽量考虑与其他掺合料复合使用，充分发挥多种掺合料的叠加效应。

（8）硅灰价格较高，使用时应考虑经济性。

【讲解说明】

硅灰又称硅粉，是铁合金厂在冶炼铁合金或金属硅时，从烟气净化装置中回收的工业烟尘，在袋滤器中收集。硅灰的主要成分是无定形二氧化硅，平均粒径约 $0.1\sim0.2\mu m$，比水泥颗粒细两个数量级，具有很强的火山灰活性。

在硅灰技术要求方面，本《指南》指标与现行国家标准《砂浆和混凝土中用硅灰》GB/T 27690 比较，需要重点说明的是，SiO_2 含量不应低于90%。

硅灰具有很强的火山灰活性，因此会加速胶凝材料系统的水化，可提高混凝土强度、抗渗性和耐化学腐蚀性，也具有抑制碱骨料反应的作用。但是硅灰会增加混凝土水化发热，增大低水胶比混凝土自收缩，增大是结构混凝土收缩开裂风险。目前一般的高性能混凝土多采用矿渣粉和粉煤灰双掺技术，很少使用硅灰，但在一些强度等级超过C80的高强高性能混凝土中，出于提高强度的目的，会适当使用硅灰。另如高铁使用的RPC电缆沟盖板，也会采用掺加硅灰的方案。

5.2.6 石灰石粉

石灰石粉是以一定纯度的石灰石为原料，经粉磨至规定细度的粉体材料。

1. 技术要求

用于高性能混凝土的石灰石粉应符合表 5.2.6 中的技术要求。

表 5.2.6

高性能混凝土用石灰石粉技术要求

项目		技术指标
碳酸钙含量（%）		≥80
细度（45μm方孔筛筛余，%）		≤15
活性指数（%）	7d	≥65
	28d	≥65
流动度比（%）		≥100
含水量（%）		≤1.0
亚甲蓝值（g/kg）		≤1.4
放射性		合格
安定性		合格

其他有关方面要求应符合现行国家标准《石灰石粉混凝土》GB/T 30190 和现行行业标准《石灰石粉在混凝土中应用技术规程》JGJ/T 318 的规定。

2. 石灰石粉性能试验方法

（1）碳酸钙含量应按 1.785 倍 CaO 含量折算，CaO 含量应按现行国家标准《建材用石灰石化学分析方法》GB/T 5762 规定执行。

（2）细度应按现行国家标准《水泥细度检验方法 筛析法》GB/T 1345 规定执行。

（3）活性指数、流动度比和含水量应参照现行行业标准《水泥砂浆和混凝土用天然火山灰质材料》JG/T 315 规定执行，并将天然火山灰质材料替代为石灰石粉后进行测试。

（4）亚甲蓝值按照现行国家标准《石灰石粉混凝土》GB/T 30190 规定执行。

（5）放射性按现行国家标准《建筑材料放射性核素限量》GB6566 规定执行。

（6）安定性按照现行国家标准《水泥标准稠度用水量、凝结时间、安定性检验方法》GB/T 1346 规定执行。

3. 应用要点

（1）碳酸钙含量、流动度比、亚甲蓝值是石灰石粉的重要指标，应优先选用碳酸钙含量高、细度适宜、流动度比大、亚甲蓝值小的石灰石粉。

（2）石灰石粉适用于自密实混凝土，能提高自密实混凝土工作性能。

（3）一般来说，石灰石粉属于惰性矿物掺合料，掺用石灰石的混凝土应采用硅酸盐水泥或普通硅酸盐水泥，并应尽量考虑与其他掺合料复合使用。

（4）掺加较多的石灰石粉，会明显影响混凝土的耐久性能和长期性能，比如抗冻性能和收缩性能等，以普通硅酸盐水泥为准，石灰石粉掺量不宜超过 20%。

（5）应考虑石灰石粉的均匀性和稳定性，避免使用掺加其他石粉或含土较多的石灰石粉，可以通过检验碳酸钙含量控制掺加其他石粉，检验亚甲蓝值控制土的含量。

（6）石灰石粉的应用还应符合现行行业标准《石灰石粉在混凝土中应用技术规程》JGJ/T 318 的其他有关规定。

【讲解说明】

在石灰石粉技术要求方面，本《指南》指标与现行国家标准《石灰石粉混凝土》GB/T 30190 和现行行业标准《石灰石粉在混凝土中应用技术规程》JGJ/T 318 比较，有以下两点需要重点说明：

1. 碳酸钙含量要求不低于 80%，高于标准中 75% 的要求，碳酸钙含量要求的提高意味着石粉中杂质含量的降低，利于高性能混凝土的质量控制；

2. 活性指数方面，本《指南》的要求为 65%，高于现行国家标准《石灰石粉混凝土》GB/T 30190 中活性指数 60% 的规定。

用于磨细制作石灰石粉的石灰石需要具备一定的纯度，主要是 $CaCO_3$ 含量。石灰石粉应以 $CaCO_3$ 为主要成分，本指南要求石灰石粉中 $CaCO_3$ 含量应不小于 80%，主要是控制非石灰石粉的其他杂质。某些岩石粉性能与石灰石粉有较大区别，如对水和外加剂的吸附等。

试验表明，石灰石粉的 7d 和 28d 活性指数一般均大于 65%，接近于 70%，活性指数并非认为石灰石粉具有明显的活性，该指标也不是反映石灰石粉本质特性的技术指标，但该指标作为混凝土质量控制的指标是必要的。

细度也是影响石灰石粉性能的主要因素之一，石灰石粉磨得越细越有利，但粉磨的能耗越大，细度为 $45\mu m$ 方孔筛筛余不大于 15% 的石灰石粉可以充分满足用于混凝土的技术要求。

流动度比是衡量石灰石粉在混凝土中应用是否具有技术价值的重要指标，该指标越高，说明石灰石粉的减水效应越明显，对混凝土拌合物的和易性改善作用越明显。还需要说明的是，在掺加减水剂的情况下，石灰石粉与其他岩石粉的差别更为明显。品质优良的石灰石粉对水和外加剂的吸附小，在高性能混凝土中的应用价值更加明显。

亚甲蓝值是反映石灰石粉中黏土质含量的技术指标，是石灰石粉能否用于高性能混凝土的重要技术指标。

放射性超标会影响人类及动植物的健康，因此需要达到合格要求，因此石灰石粉应满足放射性核素限量的要求。

因为石灰石粉安定性对混凝土质量有着重要的影响，安定性不良的石灰石粉有可能因膨胀致使混凝土开裂，所以规定石灰石粉安定性应满足合格的要求。

5.2.7 天然火山灰质材料

天然火山灰质材料是以具有火山灰性的天然矿物质为原料磨细制成的粉体材料。天然火山灰质材料的原料主要包括火山渣或火山灰、玄武岩、凝灰岩、天然沸石岩、天然浮石岩、安山岩等。

1. 技术要求

用于高性能混凝土的天然火山灰质材料应符合表5.2.7中技术要求。

高性能混凝土用天然火山灰质材料的技术要求　　　表 5.2.7

项目	技术指标
细度（45μm 方孔筛筛余）（%）	≤20
流动度比（%）	≥90
含水量（%）	≤1.0
烧失量（%）	≤8.0
28d 活性指数（%）	≥65
三氧化硫（%）	≤3.5
氯离子含量（%）	≤0.06
火山灰性	合格
放射性	符合 GB 6566 规定

注：① 用于混凝土中的火山灰性为选择性控制指标，当活性指数达到相应的指标时，可不作要求；
　　② 当有可靠资料证明材料的放射性合格时，可不再检验。

其他有关方面要求应符合现行行业标准《水泥砂浆和混凝土用天然火山灰质材料》JG/T 315 的规定。

2. 天然火山灰质材料性能试验方法

（1）氯离子含量、三氧化硫含量和烧失量按照现行国家标准《水泥化学分析方法》GB/T 176 规定执行。

（2）细度按现行国家标准《水泥细度检验方法筛析法》GB/T 1345 规定执行。

（3）火山灰性按现行国家标准《用于水泥中的火山灰质混合材料》GB/T 2847 规定执行。

（4）其他项目按现行行业标准《水泥砂浆和混凝土用天然火山灰质材料》JG/T 315 规定执行。

3. 应用要点

（1）磨细火山渣较适用于高性能混凝土。

（2）天然火山灰碱含量比较高，应用时需进行根据碱—骨料反应测试。

（3）应考虑天然火山灰质材料的均匀性和稳定性，避免使用受潮和混入杂物的天然火山灰质材料。

（4）应尽量考虑与其他掺合料复合使用，充分发挥多种掺合料的叠加效应。

（5）天然火山灰质材料流动度比较小，宜与高性能减水剂共同使用。

【讲解说明】

火山灰质材料是水泥混凝土中的主要矿物掺合料之一。掺用火山灰质材料可以改善混凝土（砂浆）的工作性、密实水化产物的微观结构、大幅度提高其耐久性，同时可以大量节省水泥用量，达到节能减排的目的。火山灰质材料是配制现代高性能混凝土必要组分之一。火山灰质材料可分为人工火山灰质材料（粉煤灰、烧黏土、烧煤矸石等）和天然火山灰质材料。后者包括的范围较广，包括火山渣、火山灰、浮石、沸石岩、凝灰岩、硅藻土、硅藻石以及蛋白石等，人工火山灰质材料与天然火山灰质材料在性质和使用技术上存在较大区别。

在天然火山灰质材料技术要求方面，本《指南》指标与现行国家标准《水泥砂浆和混凝土用天然火山灰质材料》JG/T 315 比较，需要重点说明的是，流动度比不应小于 90%。

火山灰质材料的细度和比表面积与活性指数性能都具有相关性，在实际工程中，细度相对比表面积指标而言，测试比较快捷简便，测试方法应用较广，因此《指南》制定中采用了细度指标。目前实际工程中，作矿物掺合料的天然火山灰质材料细度一般均≤20%，在生产中，火山灰质材料生产企业可以通过调整粉磨工艺参数来调整细度的大小，细度≤20% 在生产中比较容易达到。如果细度过大，火山灰活性难以充分发挥，本《指南》参考 GB/T 1596 中 II 级粉煤灰和 JG/T 315 的细度标准，细度指标定为≤20%。

流动度比和需水量比都是反映火山灰质材料同一种性能的指标，本《指南》采用流动度比指标。天然火山灰质材料流动度比普遍较低，且不同种类的天然火山灰质材料流动度比差别比较大，例如浮石粉，流动度比很小，通过微观电子扫描镜观察浮石粉微观形貌，主要是棒状微观多孔结构，因此流动性较差；玄武岩的微观形貌主要是颗粒状，流动度比略好。本《指南》要求用于高性能混凝土的天然火山灰质材料的流动度比不小于 90%，属于天然火山灰质材料流动度比的最高要求。

含水量会影响混凝土配合比和混凝土性能，本《指南》参照 GB/T 1596 和 JG/T 315 等相关矿物掺合料标准，取≤1%。

烧失量较高会影响着混凝土性能，本《指南》参照 JG/T 315，规定烧失量不大于 8%。

本《指南》在确定活性指数时，主要考虑两个原则：一是指标不能定的过高，以有利于天然火山灰质材料的综合利用；另一个原则是指标定的不能过低，以避免对混凝土的性能造成较大的影响，同时由于天然火山灰质材料需要粉磨，如果活性过低，对整个工程经济成本也不利。在参考 JG/T 315 等相关标准及试验结果的基础上，本《指南》确定 28d 活性指数≥65%。

GB/T 2847 规定，火山灰质混合材料 SO_3 含量不大于 3.5%。根据试验结果表明，天然火山灰质材料的 SO_3 含量均非常低。本《指南》中参照 GB/T 2847 和 JG/T 315 规定，天然火山灰质材料 SO_3 含量不大于 3.5%。

按照 GB 6566 的规定，应满足建筑材料放射性核素限量的要求。

5.2.8 复合掺合料

复合掺合料是指采用两种或两种以上的矿物原料，单独粉磨至规定的细度后再按一定的比例复合或者两种及两种以上的矿物原料按一定的比例混合后粉磨达到规定细度并符合规定活性指数的粉体材料。

1. 技术要求

用于高性能混凝土的复合掺合料应符合表 5.2.8 中的技术要求。

高性能混凝土用复合掺合料技术要求 表 5.2.8

项目		技术指标
比表面积（m²/kg）		≥400
细度（0.045mm 方孔筛筛余）（%）		≤10
活性指数（%）	7d	≥70
	28d	≥90
流动度比（%）		≥100
含水量（%）		≤1.0
三氧化硫含量（%）		≤3.0
氯离子含量（%）		≤0.02
安定性		合格
放射性		合格

其他有关方面要求应符合矿物掺合料现行有关标准的规定。

2. 复合掺合料性能试验方法

（1）流动度比、活性指数、含水量按《用于水泥和混凝土中的粒化高炉矿渣粉》GB/T 18046 规定执行。

（2）细度（筛余）按照现行国家标准《用于水泥和混凝土中的粉煤灰》GB 1596 规定执行。

（3）三氧化硫按现行国家标准《水泥化学分析方法》GB/T 176 规定执行。

（4）氯离子含量按现行行业标准《水泥原料中氯离子的化学分析方法》JC/T 420 规定执行。

（5）比表面积按现行国家标准《水泥比表面积测定方法（勃氏法）》GB/T 8074 规定执行。

（6）安定性按照现行国家标准《水泥标准稠度用水量、凝结时间、安定性检验方法》GB/T 1346 规定执行。

（7）放射性按现行国家标准《建筑材料放射性核素限量》GB 6566 规定执行。

3. 应用要点

（1）比表面积、流动度比和活性指数是复合掺合料的重要指标。一般情况下，优先选用比表面积大、流动度比大、活性指数高的复合掺合料。

（2）使用复合掺合料时，应结合高性能混凝土工程的使用目的、使用环境、使用时间等因素，科学制定复合掺合料使用配比。

（3）使用复合掺合料的高性能混凝土应注意外加剂和胶凝材料的相容性问题。

（4）使用复合掺合料的高性能混凝土宜选用硅酸盐水泥或普通硅酸盐水泥，当使用其他种类水泥时应适当降低复合掺合料掺量。

（5）应考虑复合掺合料的均匀性和稳定性，避免使用受潮和混入杂物的复合掺合料。

（6）高性能混凝土采用的复合掺合料及其掺量的应通过试验确定。

【讲解说明】

由于近十年来混凝土技术的发展，尤其是高性能混凝土的出现，使矿物掺合料已成为配制高性能混凝土必不可少的重要组分和功能性材料。为了充分发挥各种掺合料的技术优势，弥补单一矿物掺合料自身固有的某些缺陷，利用两种或两种以上矿物掺合料材料复合产生的超叠加效应可取得比单掺某一种矿物掺合料更好的效果。目前的复合掺合料主要是以本《指南》给出的矿物掺合料中的两种或三种掺合料为主（例如粉煤灰、矿渣粉、硅灰等），通过再加工，合理优化配制而成。

复合掺合料的超叠加效应能够显著改善混凝土的工作性能、力学性能和耐久性能，同时取代部分水泥用量，也可一定程度上降低高性能混凝土成本。复合掺合料的性能也直接影响着高性能混凝土的整体性能，因此对复合掺合料的技术指标进行规定，可以保证复合掺合料适用于高性能混凝土。

由于复合掺合料涉及多种矿物材料，出于原材料质量控制（避免乱掺问题）和高性能混凝土技术需要，对高性能混凝土用复合掺合料的细度、活性指数和流动度比等技术要求高于《矿物掺合料应用技术规范》GB/T 51003规定的复合掺合料技术要求。

比表面积能够反映复合掺合料的细度，影响着复合掺合料的活性。比表面积越大，复合掺合料越细，活性越高。根据复合使用的矿物原料不同，一般可用比表面积指标控制细度，当使用粉煤灰配制复合掺合料时，应增加筛余指标控制细度。

活性指数是复合掺合料的重要技术指标，反映复合掺合料对混凝土强度的影响，本《指南》要求的复合掺合料活性指数是在强调复合掺合料应有利于混凝土强度。

流动度比对于工程应用是非常重要的技术指标，流动度比间接反映了复合掺合料需水量指标，本《指南》要求的复合掺合料流动度比是在强调复合掺合料不应乱掺含碳量大或需水量大的劣质材料，从而有利于混凝土性能。

5.3 细骨料

5.3.1 人工砂

人工砂也称机制砂，是由机械破碎、筛分制成的，粒径小于4.75mm的岩石、矿山尾矿或工业废渣颗粒，但不包括软质岩、风化岩石的颗粒。

1. 技术要求

（1）人工砂的颗粒级配应符合表5.3.1-1的要求；细度模数宜控制在2.5～3.3范围内。

人工砂的颗粒级配

表5.3.1-1

级配区累计筛余（%） 公称粒径	Ⅰ区	Ⅱ区	Ⅲ区
5.00mm	10～0	10～0	10～0
2.50mm	35～5	25～0	15～0
1.25mm	65～35	50～10	25～0
630μm	85～71	70～41	40～16

级配区累计筛余（%） 公称粒径	Ⅰ区	Ⅱ区	Ⅲ区
315μm	95～80	92～70	85～55
160μm	100～90	100～90	100～90

注：除 4.75mm 和 600μm 筛外，其他筛的累计筛余可略有超出，超出总量不应大于 5%。

（2）人工砂还应符合表 5.3.1-2 的质量要求。

人工砂的质量要求   表 5.3.1-2

项目名称	技术指标
石粉含量（%）	≤10.0
MB 值	≤1.2
泥块含量（%）	≤1.0
坚固性指标（%）	≤8
硫化物和硫酸盐含量（按 SO₃ 计）（%）	≤0.5
单级最大压碎指标（%）	≤25
碱活性检验	经碱骨料反应试验后，试件无裂缝、酥裂、胶体外溢等现象，在规定的试验龄期膨胀率应小于 0.10
放射性	符合 GB 6566 的规定

其他有关方面要求应符合现行国家标准《建设用砂》GB/T 14684 和现行行业标准《普通混凝土用砂、石质量及检验方法标准》JGJ 52 的规定。

2. 人工砂性能试验方法

（1）放射性按现行国家标准《建筑材料放射性核素限量》GB 6566 规定执行。

（2）碱活性按现行国家标准《建筑用砂》GB/T 14684 规定执行。

（3）其他项目的试验方法按现行行业标准《普通混凝土用砂、石质量及检验方法标准》JGJ 52 规定执行。

3. 应用要点

（1）人工砂的颗粒级配、细度模数和石粉含量是人工砂应用的重要指标，用于配制高性能混凝土的人工砂应尽量选用Ⅱ区中砂，且应石粉含量较低。

（2）应重视人工砂的碱活性检验。

（3）人工砂与河砂混合掺用有利于调整改善人工砂的性能。

（4）石粉含量较高时，可将部分石粉计入胶凝材料用量设计配合比。

（5）对于用于冻融环境和化学腐蚀环境的混凝土，应尽量采用压碎指标小、坚固性指标小的粗骨料。

（6）人工砂混凝土的搅拌时间应比天然砂混凝土的搅拌时间适当延长。

（7）人工砂配制的高性能混凝土要注意早期养护，养护时间也应比天然砂混凝土适当延长。

【讲解说明】

随着天然砂资源的日益枯竭，机制砂的应用日益增多。实践证明，只要制砂设备及工艺满足一定条件，在原料来源稳定的情况下，所生产的人工砂质量可以满足配制高性能混凝土的技术要求。

在人工砂技术要求方面，本《指南》指标与现行国家标准《建设用砂》GB/T 14684和现行行业标准《普通混凝土用砂、石质量及检验方法标准》JGJ 52比较，需要重点说明的是：①人工砂细度模数不宜超过3.3，且不宜采用细砂；②石粉含量不大于10%且亚甲蓝值不大于1.2，略高于《建设用砂》GB/T 14684中第Ⅲ类技术要求。

目前我国人工砂级配差，中间少，两头多；细度模数较大；颗粒形状粗糙尖锐，多棱角。粉状材料用量（包括石粉含量）和外加剂用量较大，如果配制不得法，人工砂混凝土拌合物坍落度会呈草帽状，工作性较差。解决这些问题课采取的措施有：①提高制砂装备水平，改善级配和善颗粒形状；②与河砂混合掺用有利于调整改善人工砂的性能；③尽量采用石粉含量符合标准要求、细度模数2.5～3.3的人工砂。

石粉含量时人工砂质量控制的重要指标。国外对于石粉含量的限值为：美国 ASTM C33 为5%～7%，英国 BS 882 为≤9%，日本 JIS A5308 为<7%，本《指南》为≤8%，基本是参考了国外标准及《普通混凝土用砂、石质量及检验方法标准》JGJ 52—2006、《建设用砂》GB/T 14684—2011，并总结了我国人工砂高性能混凝土工程应用的经验。

目前我国人工砂石粉含量高，尤其建工方面，普遍超过标准要求。如果人工砂石粉含量太高且应用措施不得法，混凝土性能会要到较大影响。因此，石粉含量过高处于不得已状态时，可将采用部分石粉计入胶凝材料用量的方式进行配合比设计并配制混凝土。

解决人工砂石粉含量高的问题有两个重要措施：①提高制砂装备水平，发达国家大多制砂装备可以较好地控制石粉含量；②在制砂工艺上采取措施，比如采用分选出石粉的工艺。

人工砂中会夹杂泥土，亚甲蓝值是反映石粉中黏土质含量的技术指标，是人工砂的重要指标。对于高性能混凝土，亚甲蓝值大于1.2的人工砂不予采用。

机制砂的压碎值指标是检验其坚固性和耐久性的一项指标。试验证明，中低强度等级混凝土强度不受压碎指标的影响，但会导致耐磨性下降。

5.3.2 河砂

河砂产自各大小江河，河砂是天然石在自然状态下，经水的作用力长时间反复冲撞、摩擦产生的，其主要成分为石英、长石、少量云母等，表面有一定光滑性，比较洁净，来源广，是建筑领域最常用的细骨料。河砂的粗细程度按细度模数分为粗砂、中砂、细砂和特细砂。粗砂的细度模数为3.7～3.1；中砂的细度模数为3.0～2.3；细砂的细度模数为2.2～1.6；特细砂的细度模数为1.5～0.7。

1. 技术要求

(1) 河砂的颗粒级配应符合表5.3.2-1的要求；细度模数宜控制在2.3～3.0范围内。

河砂的颗粒级配   表 5.3.2-1

级配区累计筛余（%）公称粒径	Ⅰ区	Ⅱ区	Ⅲ区
5.00mm	10～0	10～0	10～0
2.50mm	35～5	25～0	15～0
1.25mm	65～35	50～10	25～0
630μm	85～71	70～41	40～16

级配区累计筛余（%）公称粒径	Ⅰ区	Ⅱ区	Ⅲ区
315μm	95～80	92～70	85～55
160μm	100～90	100～90	100～90

注：除4.75mm和600μm筛外，其他筛的累计筛余可略有超出，超出总量不应大于5%

（2）河砂还应符合表5.3.2-2的质量要求。

河砂的质量要求   表5.3.2-2

项目	技术指标
水溶性氯离子含量（%）	≤0.02
含泥量（%）	≤3.0
泥块含量（%）	≤1.0
坚固性指标（%）	≤8
云母含量（%）	≤1.0
轻物质含量（%）	≤1.0
硫化物和硫酸盐含量（按 SO_3 计）（%）	≤1.0
有机物含量	颜色不应深于标准色，当颜色深于标准色时，应按水泥胶砂强度试验方法进行强度对比试验，抗压强度比不应低于0.95
碱活性检验	经碱骨料反应试验后，试件无裂缝、酥裂、胶体外溢等现象，在规定的试验龄期膨胀率应小于0.10
放射性	符合 GB 6566 的规定

其他有关方面要求应符合现行国家标准《建设用砂》GB/T 14684 和现行行业标准《普通混凝土用砂、石质量及检验方法标准》JGJ 52 的规定。

2. 河砂性能试验方法

（1）放射性按现行国家标准《建筑材料放射性核素限量》GB 6566 规定执行。

（2）碱活性按现行国家标准《建筑用砂》GB/T 14684 规定执行。

（3）其他项目的试验方法按现行行业标准《普通混凝土用砂、石质量及检验方法标准》JGJ 52 规定执行。

3. 应用要点

（1）用于配制高性能混凝土的河砂应尽量选用Ⅱ区中砂。

（2）不宜单独使用细砂和特细砂配制高性能混凝土，细砂和特细砂应与中砂、粗砂或人工砂按适当比例混合使用配制高性能混凝土。

（3）配制高强混凝土时，河砂的细度模数宜为2.6～3.0，含泥量不宜大于2.0%，泥块含量不应大于0.5%。

（4）对于用于冻融环境和化学腐蚀环境的混凝土，应尽量采用压碎指标小、坚固性指标小的粗骨料。

（5）当河砂的实际颗粒级配不符合要求时，宜采取技术措施，并经试验证明能确保高性能混凝土质量后，方允许使用。

【讲解说明】

在河砂技术要求方面，本《指南》指标与现行国家标准《建设用砂》GB/T 14684、现行行业标准《普通混凝土用砂、石质量及检验方法标准》JGJ 52 比较，需要重点说明的是，坚固性指标不大于 8%，要求较高；与现行行业标准《高强混凝土应用技术规程》JGJ/T 281—2012 比较，需要重点说明的是：含泥量不宜大于 2.0%，而不是"不应大于 2.0%"。

对于高强混凝土，美国标准 ASTM C 33 规定受磨损的混凝土含泥量限值为 3%，其他混凝土为 5%；德国 DIN 4226、英国 BS 882 标准中最严格的要求均为 4%；《建设用砂》GB/T 14684-2011 规定 I 类产品为 1%；《高强混凝土应用技术规程》JGJ/T 281—2012 中规定高强混凝土含泥量不大于 2.0%，泥块含量不大于 0.5%，本《指南》基本采用了《高强混凝土应用技术规程》JGJ/T 281—2012 的技术指标，只是将"含泥量不应大于 2.0%"修改为"含泥量不宜大于 2.0%"，因为目前城市难得含泥量大于 2.0% 的河砂。

5.3.3 海砂

海砂是出产于海洋和入海口附近的砂，包括滩砂、海底砂和入海口附近的砂。其中滩砂是产于海滩的砂；海底砂是产于浅海或深海海底的砂。海砂中含有引起混凝土钢筋锈蚀的氯离子，必须经过净化处理，使氯离子含量不大于 0.025% 方可使用。

海砂的粗细程度按细度模数分为粗砂、中砂、细砂。

1. 性能要求。

（1）海砂的颗粒级配应符合表 5.3.3-1 的要求，用于配制高性能混凝土宜选用 II 区砂。

海砂的颗粒级配   表 5.3.3-1

级配区累计筛余（%）公称粒径	I 区	II 区	III 区
5.00mm	10～0	10～0	10～0
2.50mm	35～5	25～0	15～0
1.25mm	65～35	50～10	25～0
630μm	85～71	70～41	40～16
315μm	95～80	92～70	85～55
160μm	100～90	100～90	100～90

注：除 5.00mm 和 630μm 筛外，其他筛的累计筛余可略有超出，超出总量不应大于 5%

（2）海砂还应符合表 5.3.3-2 的质量要求。

海砂的质量要求   表 5.3.3-2

项目	技术指标
水溶性氯离子含量（%）	≤0.025
含泥量（%）	≤1.0
泥块含量（%）	≤0.5
坚固性指标（%）	≤8
云母含量（%）	≤1.0
轻物质含量（%）	≤1.0
硫化物和硫酸盐含量（按 SO_3 计）（%）	≤1.0
有机物含量	颜色不应深于标准色，当颜色深于标准色时，应按水泥胶砂强度试验方法进行强度对比试验，抗压强度比不应低于 0.95

项目	技术指标
碱活性检验	经碱骨料反应试验后，试件无裂缝、酥裂、胶体外溢等现象，在规定的试验龄期膨胀率应小于 0.10
贝壳含量（%）	≤5
放射性	符合 GB 6566 的规定

其他有关方面要求应符合现行行业标准《海砂混凝土应用技术规程》JGJ 206 的规定。

2. 海砂性能试验方法

（1）碱活性按现行国家标准《建筑用砂》GB/T 14684 规定执行。

（2）放射性按现行国家标准《建筑材料放射性核素限量》GB 6566 规定执行。

（3）其他项目的试验方法按现行行业标准《普通混凝土用砂、石质量及检验方法标准》JGJ 52 规定执行。

3. 应用要点

（1）海砂中含有引起混凝土钢筋锈蚀的氯离子，海砂必须经过净化处理并满足氯离子含量不大于 0.025% 方可使用。

（2）水溶性氯离子含量是海砂应用中最重要的指标。

（3）为保护环境，不应采用滩砂，且滩砂多为细砂。

（4）海砂中贝壳最大尺寸不应超过 4.75mm；配制高强混凝土时，贝壳含量不应大于 3%。

（5）无论混凝土的海砂掺用比例多少，均视为海砂混凝土。

【讲解说明】

本《指南》的技术要求主要基于行业标准《海砂混凝土应用技术规范》JGJ 206—2010 对混凝土用海砂的若干性能指标进行规定，主要是在氯离子含量要求方面高于现行行业标准《普通混凝土用砂石质量及检验方法标准》JGJ 52 的规定。在技术要求方面，本《指南》指标与现行行业标准《海砂混凝土应用技术规范》JGJ 206—2010 比较，需要重点说明的是，水溶性氯离子含量不大于 0.025%，比 0.03% 提高，主要是高性能混凝土对耐久性能要求高，采用海砂风险较大，如果采用，氯离子含量尽量接近《建设用砂》GB/T 14684 中 Ⅱ 类砂 0.02% 的指标。

关于水溶性氯离子含量，现行行业标准《普通混凝土用砂石质量及检验方法标准》JGJ 52 中对砂的氯离子含量作为强制性条文规定：钢筋混凝土用砂，氯离子含量不得大于 0.06%（以干砂质量百分率计），预应力钢筋混凝土用砂，氯离子含量不得大于 0.02%。对于海砂而言，是太宽了。

日本标准《预拌混凝土》JIS A5308：2003 对砂的氯盐含量不超过 0.04%（相当于 0.024% 的氯离子含量），同时又规定：如砂的氯盐含量超过 0.04%，则应获得用户的许可，但不得超过 0.1%（相当于 0.06% 的氯离子含量）；如果用于先张预应力混凝土的砂，氯盐含量不应超过 0.02%（相当于 0.012% 的氯离子含量），即使得到用户许可，也不应超过 0.03%（相当于 0.018% 的氯离子含量）。我国台湾地区的标准《混凝土细料》CNS1240 沿用了日本最严格的规定：预应力钢筋用砂，水溶性氯离子含量不得大于 0.012%；所有其他混凝土用砂，水溶性氯离子含量不得大于 0.024%。

经过净化处理的海砂，易于做到含泥量小于 1.0％，泥块含量小于 0.5％，虽然此两项指标规定为现有砂石标准最严格限值，但对净化处理的海砂的质量控制具有重要意义。

海砂通常比河砂具有更大的碱活性风险，应用前需要进行检验。对于具有潜在碱活性的海砂，应采取控制混凝土的总碱含量、掺加可预防破坏性碱—骨料反应的矿物掺合料，使用低碱水泥等措施。这些措施经确认有效后，才能使用。

现行行业标准《普通混凝土用砂石质量及检验方法标准》JGJ 52 对海砂中的贝壳含量进行了规定，但未对贝壳尺寸进行规定，大贝壳会明显影响混凝土的性能，故应对贝壳尺寸进行要求。

5.3.4 陶砂

陶砂是采用黏土、页岩、粉煤灰等材料经加工、制粒、高温焙烧等工艺而制成的粒径不大于 4.75mm 的多孔骨料，属于人造轻细骨料。

1. 技术要求

（1）陶砂颗粒级配应符合表 5.3.4-1 的要求；细度模数宜控制在 2.3～3.5 范围内。

陶砂的颗粒级配　　　　　　　　表 5.3.4-1

公称粒级 mm	各筛的累计筛余（按质量计）（％）					
	方孔筛孔径					
	4.75mm	2.36mm	1.18mm	600 μm	300 μm	150 μm
0～5	0～10	0～35	20～60	30～80	65～90	75～100

（2）用于轻骨料高性能混凝土的陶砂的密度等级按堆积密度划分，并宜符合表 5.3.4-2 的要求。

陶砂的密度等级　　　　　　　　表 5.3.4-2

密度等级	堆积密度范围（kg/m³）
500	＞400，≤500
600	＞500，≤600
700	＞600，≤700
800	＞700，≤800
900	＞800，≤900
1000	＞900，≤1000

（3）陶砂中有害物质应满足表 5.3.4-3 的要求。

有害物质控制要求　　　　　　　　表 5.3.4-3

项目名称	技术指标
含泥量（％）	结构混凝土用陶砂≤2.0
泥块含量（％）	结构混凝土用陶砂≤0.5
煮沸质量损失（％）	≤5.0
烧失量（％）	≤5.0
硫化物和硫酸盐含量（按 SO₃ 计）（％）	≤1.0

项目名称	技术指标
有机物含量	不深于标准色；如深于标准色，按 GB/T 17431.2—2011 中 18.6.3 的规定操作，且试验结果不低于 95%
氯化物（以氯离子含量计）含量（%）	≤0.02
放射性	符合 GB 6566 的规定

其他有关方面要求应符合现行国家标准《轻集料及其试验方法 第 1 部分 轻集料》GB/T 17431.1 的规定。

2. 陶砂性能试验方法

（1）氯化物含量按现行国家标准《建筑用砂》GB/T 14684—2001 中 6.11 规定执行。

（2）放射性按现行国家标准《建筑材料放射性核素限量》GB 6566 规定执行。

（3）其他项目的试验方法按现行国家标准《轻集料及其试验方法 第 2 部分 轻集料试验方法》GB/T 17431.2—2011 规定执行。

3. 应用要点

（1）密度等级、细度模数和吸水率是陶砂应用中最主要关注的指标；陶砂密度等级的选用取决于混凝土强度等级和密度等级的设计要求，吸水率除对轻骨料混凝土生产施工有重要影响外，也会对轻骨料混凝土耐久性能产生影响。

（2）陶砂主要用于全轻混凝土——粗细骨料全都是轻骨料，目的通常有两方面：一是用于改善维护结构保温性能，另一个是较大幅度减轻结构自重。

（3）陶砂也可和天然砂混合使用，配制的混凝土属于砂轻混凝土——由普通砂或部分轻砂做细骨料配制而成的轻骨料混凝土。

（4）对于泵送轻骨料混凝土，采用密度等级略大的陶砂相对容易些。

【讲解说明】

轻骨料包括人造轻骨料、天然轻骨料和工业废渣轻骨料。人造轻骨料包括陶粒和陶砂，粒径不大于 4.75mm 的属于陶砂。陶砂是烧结材料，烧结温度约 1100℃，具有良好的耐久性，适用于高性能混凝土。陶砂用于高性能混凝土，有利于减轻混凝土自重，也有利于改善混凝土热工性能，混凝土性能明显区别于一般混凝土。

本《指南》指标与现行国家标准《轻集料及其试验方法 第 1 部分 轻集料》GB/T 17431.1—2011 比较，需要重点说明的是以下两点说明：

1. 在密度等级方面，未将大于 1000 级的密度等级列入，主要考虑性能特点不明显；

2. 在有害物质控制方面，按结构用轻骨料要求控制。

5.4 粗骨料

5.4.1 普通粗骨料

在混凝土中，砂、石起骨架作用，称为骨料或集料，粒径大于 4.75mm 的骨料称为粗骨料，最常用的普通粗骨料包括有碎石及卵石。

1. 技术要求

（1）普通粗骨料的颗粒级配应符合表 5.4.1-1 的要求；

公称粒级 (mm)		累计筛余 (%)										
		方孔筛 (mm)										
		2.36	4.75	9.50	16.0	19.0	26.5	31.5	37.5	53.0	63.0	75.0	90.0
连续粒级	5~16	95~100	85~100	30~60	0~10	0							
	5~20	95~100	90~100	40~80	—	0~10	0						
	5~25	95~100	90~100	—	30~70		0~5	0					
	5~31.5	95~100	90~100	70~90	—	15~45		0~5	0				
	5~40	—	95~100	70~90		30~65			0~5	0			

（2）普通粗骨料还应符合表 5.4.1-2 的质量要求。

普通粗骨料的质量要求 表 5. 4. 1-2

项目名称		技术指标
含泥量 (%)		≤1.0
泥块含量 (%)		≤0.2
针片状颗粒含量 (%)		≤10
坚固性指标 (%)		≤8
硫化物和硫酸盐含量 (按 SO_3 计) (%)		≤1.0
有机物含量		颜色不应深于标准色，当颜色深于标准色时，应按水泥胶砂强度试验方法进行强度对比试验，抗压强度比不应低于 0.95
碱活性检验		经碱骨料反应试验后，试件无裂缝、酥裂、胶体外溢等现象，在规定的试验龄期膨胀率应小于 0.10
压碎指标 (%)	碎石	≤20
	卵石	≤14
吸水率 (%)		≤2.0
松散堆积空隙率 (%)		≤45
放射性		符合 GB 6566 的规定

其他有关方面要求应符合现行国家标准《建筑用卵石、碎石》GB/T 14685 和现行行业标准《普通混凝土用砂、石质量及检验方法标准》JGJ 52 的规定。

2. 普通粗骨料性能试验方法

（1）放射性按现行国家标准《建筑材料放射性核素限量》GB 6566 规定执行。

（2）其他项目的试验方法按现行国家标准《建筑用卵石、碎石》GB/T 14685 规定执行；规定执行。

3. 应用要点

（1）用于配制高性能混凝土的普通粗骨料应尽量采用连续粒级的碎石。

（2）高性能混凝土采用卵石时，应采取措施并经试验证实能确保工程质量后，方可使用。

（3）可选用单粒级粗骨料组合成满足要求级配的连续粒级。

（4）对于高强高性能混凝土，粗骨料的岩石强度应至少比混凝土设计强度高 30%；最大粒径不宜大于 25mm。

（5）对于自密实高性能混凝土，粗骨料最大粒径不宜大于 20mm。

（6）对于大体积混凝土，粗骨料最大工程粒径不宜小于 31.5mm。

（7）使用普通粗骨料的高性能混凝土的拌合物性能、力学性能、长期性能和耐久性能应符合工程设计要求。

【讲解说明】

混凝土用普通粗骨料主要包括碎石和卵石，碎石是天然岩石或岩石经机械破碎、筛分制成的、粒径大于 4.75mm 的岩石颗粒；卵石是由自然风化、水流搬运和分选、堆积而成的、粒径大于 4.75mm 的岩石颗粒。

本《指南》指标与现行国家标准《建筑用卵石、碎石》GB/T 14685、现行行业标准《普通混凝土用砂、石质量及检验方法标准》JGJ 52 比较，需要重点说明的是，更多采用了现行国家标准《建筑用卵石、碎石》GB/T 14685 中 Ⅱ 类骨料的技术指标。

本《指南》要求针片状颗粒含量不大于 10％，有利于改善粗骨料粒型和级配，增进高性能混凝土性能；要求坚固性指标不大于 8％，有利于骨料的耐久性能，进而保证高性能混凝土的耐久性能；要求吸水率不大于 2％，有利于控制混凝土拌合物性能，也有利于硬化混凝土性能；要求松散堆积空隙率不大于 45％，有利于粗骨料紧密堆积，对混凝土性能和节约胶凝材料和外加剂具有重要意义。

5.4.2 陶粒

陶粒是采用黏土、页岩、粉煤灰等材料经加工、制粒、高温焙烧等工艺而制成的多孔骨料，属于人造轻骨料。从外观上看，陶粒可分为圆球型和碎石型两种。从性能上分，密度等级不大于 500 级的为超轻陶粒；筒压强度和强度标号都达到规定水平（见表 5.4.2-4）为高强陶粒。

1. 技术要求

（1）颗粒级配

陶粒颗粒级配应符合表 5.4.2-1 的要求。

陶粒颗粒级配 表 5.4.2-1

轻骨料	级配类别	公称粒级（mm）	各号筛的累计筛余（按质量计）（％）							
			方孔筛孔径							
			37.5mm	31.5mm	26.5mm	19.0mm	16.0mm	9.50mm	4.75mm	2.36mm
陶粒	连续粒级	5～31.5	0～5	0～10	—	—	40～75	—	90～100	95～100
		5～25	0	0～5	0～10	—	30～70	—	90～100	95～100
		5～20	0	0～5	—	0～10	—	40～80	90～100	95～100
		5～16	—	0	0～5	0～10	20～60	—	85～100	95～100
		5～10	—	—	—	0	0～15	—	80～100	95～100
	单粒级	10～16	—	—	0	0～15	85～100	90～100	—	

（2）密度等级

陶粒密度等级按堆积密度划分，并应符合表 5.4.2-2 的要求。

陶粒密度等级　　　　　　　　　　　　　　　　　　表 5.4.2-2

密度等级	堆积密度范围（kg/m³）
500	>400，≤500
600	>500，≤600
700	>600，≤700
800	>700，≤800
900	>800，≤900

（3）筒压强度与强度标号

陶粒的筒压强度不应低于表 5.4.2-3 的要求。

陶粒筒压强度　　　　　　　　　　　　　　　　　　表 5.4.2-3

密度等级	筒压强度（MPa）
500	1.5
600	2.0
700	3.0
800	4.0
900	5.0

高强陶粒的筒压强度和强度标号不应低于表 5.4.2-4 的要求。

高强陶粒的筒压强度与强度标号　　　　　　　　　　表 5.4.2-4

密度等级	筒压强度（MPa）	强度标号
600	4.0	25
700	5.0	30
800	6.0	35
900	6.5	40

（4）吸水率与软化系数

陶粒的吸水率不应大于表 5.4.2-5 的要求。

陶粒的吸水率　　　　　　　　　　　　　　　　　　表 5.4.2-5

陶粒种类	密度等级	1h 吸水率（%）
黏土陶粒和页岩陶粒	600~900	10
粉煤灰陶粒[a]	600~900	20

注：a 系指采用烧结工艺生产的粉煤灰陶粒。

陶粒的软化系数不应小于 0.8。

（5）陶粒的粒型系数

陶粒的粒型系数不应大于表 5.4.2-6 的要求。

陶粒的粒型系数　　　　　　　　　　　　　　　　　表 5.4.2-6

陶粒种类	平均粒型系数
圆球型陶粒	≤1.4
碎石型陶粒	≤2.0

（6）有害物质控制要求

陶粒中有害物质应满足表 5.4.2-7 的要求。

有害物质控制要求

表 5.4.2-7

项目名称	技术指标
含泥量（%）	结构混凝土用陶粒≤2.0
泥块含量（%）	结构混凝土用陶粒≤0.5
煮沸质量损失（%）	≤5.0
烧失量（%）	≤5.0
硫化物和硫酸盐含量（按 SO_3 计）（%）	≤1.0
有机物含量	不深于标准色；如深于标准色，按 GB/T 17431.2—2011 中 18.6.3 的规定操作，且试验结果不低于 95%
氯化物（以氯离子含量计）含量/%	≤0.02
放射性	符合 GB 6566 的规定

其他有关方面要求应符合现行国家标准《轻集料及其试验方法　第 1 部分　轻集料》GB/T 17431.1 的规定。

2. 陶粒性能试验方法

（1）氯化物含量按现行国家标准《建筑用砂》GB/T 14684—2001 中 6.11 规定执行。

（2）放射性按现行国家标准《建筑材料放射性核素限量》GB 6566 规定执行。

（3）其他项目的试验方法按现行国家标准《轻集料及其试验方法　第 2 部分　轻集料试验方法》GB/T 17431.2—2011 规定执行。

3. 应用要点

（1）密度等级、强度指标和吸水率是陶粒应用中三个最主要的指标。

（2）应着重考虑密度等级和强度指标两个方面，而不仅仅是强度单方面。

（3）陶粒在使用前，应充分预湿；尽量采用吸水率小的陶粒。

（4）超轻陶粒主要应用于保温构件，与陶砂等一起使用效果更好。

（5）高强陶粒有利于配制强度等级较高的轻骨料高性能混凝土，比如 LC40 及其以上强度等级。

（6）碎石型陶粒对于大高程泵送的轻骨料混凝土，有较大应用优势。

【讲解说明】

轻骨料包括人造轻骨料、天然轻骨料和工业废渣轻骨料。人造轻骨料包括陶粒和陶砂；天然轻骨料包括浮石和火山渣等，是由火山爆发形成的多孔岩石经破碎、筛分而制成的轻骨料；工业废渣轻骨料包括自燃煤矸石和煤渣等，是由工业副产品或固体废弃物经破碎、筛分而制成的轻骨料。轻骨料的执行标准为《轻集料及其试验方法　第 1 部分　轻集料》GB/T 17431.1—2011，其中涵盖了人造轻骨料、天然轻骨料和工业废渣轻骨料。

陶粒是烧结材料，烧结温度约 1100℃，强度好，轻重和级配以及粒型可控，并具有良好的耐久性，适用于高性能混凝土；天然轻骨料和工业废渣轻骨料由于强度与其他应用性能方面与陶粒有较大差距，一般未用于现浇结构混凝土，尤其是泵送的预拌混凝土，长期以来，主要用于砌块等建材制品。

陶粒用于高性能混凝土，有利于减轻混凝土自重，也有利于改善混凝土热工性能，使混凝土性能明显区别于一般混凝土，因此，最大密度等级最高控制在900级。大于900级的轻骨料主要是自燃煤矸石，不推荐用于高性能混凝土。

陶粒的密度等级反映其轻重，密度等级越小，陶粒越轻；筒压强度和强度标号反映陶粒的强度，筒压强度和强度标号越大，陶粒强度越大；一般陶粒越轻则强度越小，陶粒越重则强度越大，应用时应顾及这两方面。

筒压强度指标适用于各种陶粒，但如果要确定陶粒是否是高强陶粒，则需要在筒压强度满足要求的基础上，强度标号也应满足要求，即强度标号的指标仅用于高强陶粒。

一般陶粒越轻则吸水率越大，主要是由于孔隙较多的缘故，吸水率太大对混凝土耐久性性能有影响，一般选择吸水率较小的陶粒；软化系数主要反映耐水的性能，可以评价材料以及烧结的质量；圆球型陶粒粒型系数越小，越接近圆形，有利于堆积密实和流动，对混凝土性能越有利；有害物质控制主要是避免陶粒混入不利于混凝土性能的物质。

用于高性能混凝土的陶粒在性能方面，与《轻集料及其试验方法 第1部分 轻集料》GB/T 17431.1—2011中关于陶粒方面的技术要求比较，主要有以下几点说明：

1. 在级配方面，未将5～40公称粒级的级配列入，主要是考虑在预拌混凝土大颗粒易于上浮，且这一级配陶粒在轻骨料混凝土中很少采用；

2. 在粒型系数方面，进行了细分，对于圆球型陶粒，粒型系数为1.4，低于标准中的2.0，旨在避免长条状（俗称江米条）粒型，影响混凝土性能；

3. 在有害物质控制方面，按结构用轻骨料要求控制。

上述做法，易于生产和实施，并有较大的地域范围可选择，具有可操作性。

圆球形陶粒，国内各地都有生产，易于获得；碎石型陶粒产地主要在我国湖北宜昌，采用当地页岩烧胀后破碎并筛分制得，生产规模较大。宜昌碎石型高强陶粒强度高，可达最高强度标号；吸水率小，低于5%；抗分层和上浮较好，泵送效果好。宜昌页岩碎石型陶粒成功用于宜昌"滨江国际"高层建筑项目的高强轻骨料混凝土，其具体性能见说明表5.4.2-8。陶粒实际用量约4500m³，用于LC40混凝土和LC35混凝土，混凝土最大泵送高度超过100m。

"滨江国际"高层建筑项目采用的碎石型陶粒的主要性能　　　　表5.4.2-8

粒级 (mm)	级配种类	堆积密度 (kg/m³)	筒压强度 (MPa)	吸水率（%）		
				1h	6h	24h
5～16	连续级配	850	5.9	3.0	3.9	4.8

5.5　外加剂

5.5.1　高效减水剂

高效减水剂是一种新型的化学外加剂，其化学性能有别于普通减水剂，在正常掺量时具有比普通减水剂更高的减水率，要求减水率不小于14%，没有严重的缓凝及引气过量的问题。混凝土工程也可采用由缓凝剂与高效减水剂复合而成的缓凝型高效减水剂。

我国目前高性能混凝土用高效减水剂主要有以下几类：萘和萘的同系磺化物与甲醛缩合的盐类、氨基磺酸盐等多环芳香族磺酸盐类；磺化三聚氰胺树脂等水溶性树脂磺酸盐类；脂肪族羟烷基磺酸盐高缩聚物等脂肪族类。

1. 技术要求

（1）用于高性能混凝土的高效减水剂的匀质性应符合表 5.5.1-1 的要求。

高效减水剂匀质性要求

表 5.5.1-1

项目	技术指标
氯离子含量（%）	不超过生产厂控制值
总碱量（%）	不超过生产厂控制值
含固量（%）	$S>25\%$时，应控制在 0.95～1.05S $S\leqslant25\%$时，应控制在 0.90～1.10S
含水量（%）	$W>5\%$时，应控制在 0.90～1.10W $W\leqslant5\%$时，应控制在 0.80～1.20W
密度（g/cm³）	$D>1.1$时，应控制在 $D\pm0.03$ $D\leqslant1.1$时，应控制在 $D\pm0.02$
细度	应在生产厂控制范围内
pH 值	应在生产厂控制范围内
硫酸钠含量（%）	不超过生产厂控制值

注：① 生产厂应在相关的技术资料中明示产品匀质性指标的控制值；
② 对相同或不同批次之间的匀质性和等效性的其他要求，可由供需双方商定；
③ 表中的 S、W 和 D 分别为含固量、含水率和密度的生产厂控制值。

（2）用于高性能混凝土的高效减水剂应满足表 5.5.1-2 的技术要求。

掺高效减水剂的受检混凝土的性能要求

表 5.5.1-2

项目		高效减水剂 HWR	
		标准型 HWR-S	缓凝型 HWR-R
减水率（%）		≥14	≥14
泌水率比（%）		≥90	≥100
含气量（%）		≤3.0	≤4.5
凝结时间之差（min）	初凝	−90～+120	>+90
	终凝		—
抗压强度比（%）	1d	≥140	—
	3d	≥130	—
	7d	≥125	≥125
	28d	≥120	≥120
收缩率比（%）	28d	≤125	≤125

其他有关方面要求应符合现行国家标准《混凝土外加剂》GB 8076、《混凝土外加剂匀质性试验方法》GB/T 8077 的规定。

2. 高效减水剂性能试验方法

（1）氯离子含量、含固量、含水率、密度、细度和 pH 值试验方法按照现行国家标准《混凝土外加剂匀质性试验方法》GB/T 8077 规定执行。

（2）减水率、泌水率比、含气量、凝结时间差、抗压强度比和收缩率比试验方法按现行国家标准《混凝土外加剂》GB 8076 规定执行。

3. 应用要点

（1）使用前应考虑高效减水剂与胶凝材料的相容性。

（2）高效减水剂掺量应根据供方的推荐掺量、环境温度、施工要求的混凝土凝结时间、运输距离、停放时间等经试验确定。

（3）液体高效减水剂宜与拌合水同时加入搅拌机内，计量应准确。减水剂的含水量应从拌合水中扣除；粉状高效减水剂宜与胶凝材料同时加入搅拌机内，并适当延长搅拌时间。

（4）高效减水剂可用于素混凝土、钢筋混凝土、预应力混凝土，并可制备高强高性能混凝土。

（5）标准型高效减水剂宜用于0℃以上混凝土的施工，可用于蒸养混凝土。缓凝型高效减水剂宜用于日最低气温5℃以上混凝土的施工，不宜单独用于有早强要求的混凝土及蒸养混凝土。

（6）缓凝型高效减水剂可用于大体积混凝土、碾压混凝土、炎热气候条件下施工的混凝土、大面积浇筑的混凝土、避免冷缝产生的混凝土、需较长时间停放或长距离运输的混凝土、自流平免振混凝土、滑模施工或拉模施工的混凝土及其他需要延缓凝结时间又有较高减水率要求的混凝土。

（7）高效减水剂的应用还应符合现行国家标准《混凝土外加剂应用技术规范》GB 50119的其他有关规定。

【讲解说明】

在高效减水剂技术要求方面，本《指南》指标与现行国家标准《混凝土外加剂》GB 8076比较，需要重点说明的是，28d收缩率比为125%，比标准中的135%要求严，因为高性能混凝土对收缩要求较严，而萘系减水剂在这方面相对较弱。

含水率是反映固体产品含水量的指标，含水率过高，影响粉体的溶解性。外加剂含水率是个变化的值，随着放置时间的延长，尤其是置于潮湿的环境时，含水率增大。

pH值是生产厂家内控指标，是根据合成产品特点和长期稳定存在条件确定的特定范围。一般来说，外加剂产品的pH值多集中在6~9范围内，但部分产品如脂肪族高效减水剂碱性较强，pH值可能≥12。对使用者来说，正常情况下无需苛求pH值必须为7，外加剂产品掺量较小，产品呈弱酸性或碱性并不影响新拌混凝土性能及水泥水化，不影响混凝土强度和耐久性。但需注意的是，若外加剂产品pH值≤5.0，长期使用可能会腐蚀储罐和输送管道。此外，萘系产品放置一段时间后pH值会逐渐降低。

细度以0.315mm筛的筛余物含量表示，反映粉体的粗细程度。对于萘系等粉体外加剂，其细度与生产厂家喷雾干燥工艺有关，产品的细度可能影响溶解的难易程度，但稍延长溶解搅拌时间，均能完全溶解。

本《指南》未列入普通减水剂，主要是考虑其技术性能较低。用于高性能混凝土的高效减水剂在性能方面，普通减水剂方面的技术要求比较，见表5.5.1-3，主要有以下两点差异：

1. 减水率与抗压强度比较高：由于高效减水剂对水泥的强烈分散作用，掺入混凝土后，在保持流动性不变（坍落度基本不变）的情况下，可以大幅度减少混凝土单位用水量。减水率随着减水剂掺量的增加而增加，随着水灰比的降低，其抗压强度比提升明显；

2. 含气量更低：高效减水剂一般在正常掺量时不引气，配制出的高性能混凝土含气量较低，对混凝土强度的贡献也更有利。

高效减水剂与普通减水剂性能差异　　　　表 5.5.1-3

项目		高效减水剂 HWR		普通减水剂 WR		
		标准型 HWR-S	缓凝型 HWR-R	早强型 WR-A	标准型 WR-S	缓凝型 WR-R
减水率（%），不小于		14	14	8	8	8
含气量（%）		≤3.0	≤4.5	≤4.0	≤4.0	≤5.5
抗压强度比（%），不小于	1d	140	—	135	—	—
	3d	130	—	130	115	115
	7d	125	125	110	115	115
	28d	120	120	100	110	110

目前，高效减水剂品种较多，易于生产和实施，各厂家均有此类减水剂，配制高性能混凝土时有较大的范围可选择，可操作性强。江苏苏博特新材料股份有限公司研制的 SBTJM®-Ⅷ缓凝型高效减水剂已成功应用于润扬长江公路大桥，其性能指标见表 5.5.1-4。底板分南、北两块先后浇筑，顶板混凝土采用一次连续浇筑，在浇筑混凝土过程中，环境温度最高达 30℃，采用冷却水搅拌混凝土，水温控制在 5℃，混凝土入模温度在 25℃左右，经检测混凝土强度全部合格。同时，填芯混凝土、锚体混凝土、散索鞍墩混凝土浇筑完成后未出现温度裂缝。

SBTJM®-Ⅷ缓凝型高效减水剂的性能　　　　表 5.5.1-4

减水率（%）	泌水率比（%）	含气量（%）	凝结时间差（h：min）		抗压强度比（%）		固含量（%）	密度（kg/m³）
			初凝	终凝	7d	28d		
20.6	85	3.3	16：30	19：50	149	141	38.6	1223

5.5.2　高性能减水剂

高性能减水剂是一种新型的外加剂，要求减水率不小于 25%，具有较好的坍落度保持性能，并具有一定的引气性和较小的混凝土收缩。目前我国开发的高性能减水剂以聚羧酸系减水剂为主。

1. 技术要求

（1）聚羧酸系高性能减水剂化学性能应符合表 5.5.2-1 要求。

羧酸系高性能减水剂化学性能指标　　　　表 5.5.2-1

试验项目	性能指标
甲醛含量（按折固含量计）（%）	≤0.05
氯离子含量（按折固含量计）（%）	≤0.6
总碱量（Na₂O+0.658K₂O）（%）	≤15

（2）用于高性能混凝土的聚羧酸系高性能减水剂应满足表 5.5.2-2 的技术要求。

掺聚羧酸系高性能减水剂的受检混凝土性能指标　　　　　表 5.5.2-2

项目		高性能减水剂 HPWR		
		早强型 HPWR-A	标准型 HPWR -S	缓凝型 HPWR -R
减水率（%）		≥25	≥25	≥25
泌水率比（%）		≥60	≥60	≥70
含气量（%）		≤6.0	≤6.0	≤6.0
凝结时间之差（min）	初凝	−90～+90	−90～+120	＞+90
	终凝			—
1h 经时变化量	坍落度（mm）	—	≤80	≤60
抗压强度比（%）	1d	≥180	≥170	—
	3d	≥170	≥160	—
	7d	≥145	≥150	≥140
	28d	≥130	≥140	≥130
收缩率比（%）	28d	≤110	≤110	≤110

（3）聚羧酸系高性能减水剂匀质性应符合表 5.5.1-1 要求。

其他有关方面要求应符合现行国家标准《混凝土外加剂》GB 8076、《混凝土外加剂匀质性试验方法》GB/T 8077 和现行行业标准《聚羧酸系高性能减水剂》JG/T 223 的规定。

2. 高性能减水剂试验方法

（1）高性能减水剂化学指标检验方法按现行行业标准《聚羧酸系高性能减水剂》JG/T 223 规定执行。

（2）掺高性能减水剂的受检混凝土性能试验方法按现行国家标准《混凝土外加剂》GB8076 规定执行。

（3）高性能减水剂匀质性试验方法按现行国家标准《混凝土外加剂匀质性试验方法》GB/T 8077 规定执行。

3. 应用要点

（1）聚羧酸系高性能减水剂宜用于高性能混凝土、高强混凝土、自密实混凝土、泵送混凝土、清水混凝土、预制构件混凝土、大体积混凝土和钢管混凝土。

（2）聚羧酸系高性能减水剂宜用于具有高耐久性和高工作性要求的混凝土，宜用于对抗裂性要求高的混凝土结构工程。

（3）聚羧酸系高性能减水剂对骨料的含泥量较为敏感，含泥量过大会降低其分散效果；此外，其减水效果还受混凝土原材料、配合比以及试验条件的影响。

（4）聚羧酸系高性能减水剂配制的混凝土拌合物对用水量较为敏感，尤其在低用水量的情况下，加水量的波动可能易导致状态的突变。

（5）聚羧酸系高性能减水剂不得与萘系、氨基磺酸盐和三聚氰胺系高效减水剂混合使用；与其他品种外加剂同时使用时，宜分别掺加；必须复配时应关注两者的相容性。

（6）聚羧酸高性能减水剂应采用聚乙烯塑料桶或玻璃钢、不锈钢桶运输、储存，以保证其性能稳定性。

（7）聚羧酸高性能减水剂的应用还应符合现行国家标准《混凝土外加剂应用技术规范》GB50119 的其他有关规定。

【讲解说明】

严格意义上讲，聚羧酸系高性能减水剂产品原料及生产过程中都不涉及甲醛，这正是区别聚羧酸系减水剂与其他减水剂的关键指标之一。测试结果表明，如果按折固含量计算，各种聚羧酸系高性能减水剂中的甲醛含量极微少，最多不到 0.006%。而萘系高效减水剂的甲醛含量一般在 0.3% 以上。因此将甲醛含量指标定为不大于 0.05%，就可以明显区别出是否属于聚羧酸系高性能减水剂。

实测结果表明，如果按折固含量计算，聚羧酸系高性能减水剂氯离子含量绝大多数在 0.3% 以下。为保证实际使用时有一定的富裕度，将聚羧酸系高性能减水剂氯离子含量确定为不大于 0.6%。在此限制条件下，假设混凝土中的水泥用量为 400kg/m³，聚羧酸系减水剂固体掺量假设为 0.3%，则带入每立方米混凝土中的氯离子含量非常小。

总碱量（$Na_2O+0.658K_2O$）不大于 15.0%，是为了防止碱骨料反应。对于有抑制碱—集料反应要求的工程，应准确计算引入的碱含量，控制混凝土中总碱含量量低于 3kg/m³。

缓凝型聚羧酸系高性能减水剂对混凝土拌合物的保坍效果良好，一般可以控制 1h 损失率在 20% 以内，多用于现浇混凝土工程。非缓凝型聚羧酸系高性能减水剂，多数用于预制构件生产或其他不需要混凝土保坍性能的场合。

掺高性能减水剂的受检混凝土含气量要求不超过 6.0%，主要是考虑聚羧酸减水剂本身具有一定的引气性。因标准规定的检测水泥为 P·Ⅰ42.5 基准水泥，该水泥为硅酸盐水泥熟料与二水石膏粉磨而成，未添加任何矿物掺合料，以此检测聚羧酸减水剂的含气量一般都较高，实际工程中一般都使用普通硅酸盐水泥（矿物掺合料用料最多可达 20%），且往往再外掺 15%～40% 的矿物掺合料，因此，在产品检测中含气量高的高性能减水剂用于工程实际时，混凝土含气量可以满足工程标准对外加剂应用的控制要求。

用于高性能混凝土的聚羧酸系高性能减水剂在性能方面，高效减水剂方面的技术要求比较，主要有以下几点差异：

1. 掺量低、减水率高。按固体掺量计，聚羧酸系高性能减水剂的一般正常掺量（以含固量计算）为胶凝材料重量的 0.2% 左右。目前国内外的产品按照国家标准《混凝土外加剂》GB 8076-2008 测定减水率，一般在 25%～30% 之间；在接近极限掺量 0.5%（以含固量计算）左右时，其减水率可达 45% 以上；

2. 增强效果好。与掺萘系减水剂的混凝土相比，掺聚羧酸外加剂的混凝土各龄期的抗压强度比均有大幅度提高。以 28d 抗压强度比为例：掺萘系减水剂的混凝土 28d 抗压强度比约在 130% 左右，而掺聚羧酸外加剂的混凝土抗压强度比约在 150% 左右；

3. 收缩率低。掺聚羧酸减水剂的混凝土体积稳定性与掺萘系减水剂相比有较大的提高。对国内外 11 个聚羧酸减水剂产品的 28d 收缩率比检测结果表明，掺聚羧酸减水剂的混凝土收缩率比的平均值为 102%，最低收缩率仅为 91%。

江苏苏博特新材料股份有限公司研制的聚羧酸系高性能减水剂成功应用于九华山隧道工程混凝土。应用结果表明：采用聚羧酸系外加剂优化的混凝土，施工性能良好，目前混凝土主体结构未发生危险性开裂和渗水现象。九华山隧道已于 2005 年 10 月 1 日正式通车，并荣获国家"鲁班奖"。

5.5.3 泵送剂

随着我国混凝土工业的发展和商品混凝土的推广和应用，如今预拌商品混凝土大部分都是泵送混凝土，泵送混凝土是在泵的推动下沿管道进行运输和浇筑的，因而，对混凝土的要求除了满足设计规定的强度、耐久性等性能外，还要满足管道输送过程中对混凝土拌合物的要求，即要求混凝土拌合物具有较好的可泵性，所以泵送剂的应用越来越广泛。

泵送剂通常不是单——种外加剂就能满足性能要求，一般有减水、缓凝、引气以及保水等组分组成。其复配比例应根据不同的使用工程、不同的使用温度、不同的混凝土强度等级、不同的泵送工艺等条件来确定。

泵送剂应符合现行国家标准《混凝土外加剂》GB 8076 的规定。

1. 技术要求

用于高性能混凝土的泵送剂应满足表 5.5.3-1 的技术要求，其匀质性应符合表应符合表 5.5.1-1 的要求。

掺泵送剂的受检混凝土性能指标 表 5.5.3-1

项目		泵送剂 PA
减水率（%）		≥12
泌水率比（%）		≥70
含气量（%）		≤5.5
1h 经时变化量	坍落度（mm）	≤80
	含气量（%）	—
抗压强度比（%）	1d	—
	3d	—
	7d	≥115
	28d	≥110
收缩率比（%）	28d	≤125

其他有关方面要求应符合现行国家标准《混凝土外加剂》GB 8076、《混凝土外加剂匀质性试验方法》GB/T 8077 的规定。

2. 泵送剂性能试验方法

（1）掺泵送剂的受检混凝土性能试验方法按现行国家标准《混凝土外加剂》GB 8076 规定执行。

（2）泵送剂匀质性试验方法按现行国家标准《混凝土外加剂匀质性试验方法》GB/T 8077 规定执行。

3. 应用要点

（1）用于强度等级不大于 C55 的高性能混凝土，减水率可考虑控制在 16%～28% 范围。

（2）用于自密实高性能混凝土的泵送剂，减水率不宜小于 20%。

（3）用于自密实高性能混凝土、高强高性能混凝土或低水胶比的高性能混凝土，减水率不宜小于 25%。

（4）采用泵送剂的高性能混凝土，1h 坍落度经时损失不宜大于 30mm。

（5）含有木质素磺酸盐和/或糖类物质的泵送剂，不宜用于以天然硬石膏、氟石膏和其他工业副产品石膏作为调凝剂的水泥所配制的混凝土。

（6）泵送剂应用于日平均气温 5℃以上施工的环境；不宜用于蒸汽养护混凝土和蒸压

养护的预制混凝土。

（7）泵送剂的应用还应符合现行国家标准《混凝土外加剂应用技术规范》GB 50119 的其他有关规定。

【讲解说明】

目前我国市场上普遍使用的泵送剂都是由多种成分按一定比例复配而成的，有粉剂和水剂之分。粉剂在工厂混合均匀后，一般在运送和储存过程中不会发生变质、沉淀等问题，性能稳定；水剂使用方便，可进入自动计量系统，无需延长搅拌时间即可在混凝土中分散均匀，加快混凝土生产企业的生产效率，降低生产能耗，因此大部分的使用者都倾向使用水剂产品。但是水剂产品各组份因密度差异或相溶型不良，容易在运输、储存的过程中发生沉淀、分层、混浊和变质等不利的情况，如木钙与糖钠复合使用就会产生沉淀。因此复配时应充分了解各组分之间的性质差异和相容性，避免产品产生质量问题进而影响工程质量。

在泵送剂技术要求方面，本《指南》指标与现行国家标准《混凝土外加剂》GB 8076 比较，需要重点说明的是，28d 收缩率比为 125%，比标准中的 135% 要求严，因为高性能混凝土对收缩要求较严，而泵送剂中可能存在的萘系减水剂成分在这方面相对较弱。

含固量变化的控制范围为 6%，较原来 3% 有所提高。其主要原因为，以含固量为 33.3% 的泵送剂为例，若相对量为 3%，则允许的上下波动的绝对值仅为 1%，生产控制有一定难度。若相对量为 6%，则允许含固量上下波动的绝对值为 2%，较适合生产实际。

混凝土外加剂中 Cl^- 和碱含量都是必检项目，Cl^- 含量高对钢筋有很强的腐蚀作用，外加剂用在钢筋混凝土中是必须要严格控制 Cl^- 含量，应不超过生产厂控制值。碱是引发混凝土碱骨料反应的主要原因之一，混凝土外加剂对碱含量也有严格的控制，也应在生产厂控制范围内。

用于高性能混凝土的泵送剂在性能方面，与普通混凝土泵送剂技术要求比较，主要有以下差异：

1. 高性能混凝土泵送剂的减水率更高。由于泵送剂主要的成分是减水剂，所以减水率是其质量控制中的一个最主要的指标，目前高性能混凝土泵送剂一般都是使用高效减水剂，减水率都在 12% 以上，普遍使用萘系高效减水剂。部分高端产品使用聚羧酸系高性能减水剂，减水率一般都超过 25%。泵送剂中减水剂可以用高效减水剂和普通减水剂复配来进行，这样不仅可以节约成本，而且还可以结合这两种减水剂的优势，但相容性问题一定要通过试验来验证；

2. 泌水率低，和易性好。掺优质泵送剂的高性能混凝土抗泌水、抗离析性能好，泵送阻力小，便于输送；高性能混凝土表面无泌水线、无大气泡、色差小，特别适合于外观质量要求高的混凝土。

5.5.4 缓凝剂

缓凝剂是可延缓水泥的水化硬化速度，在较长时间内保持混凝土工作性，延长混凝土凝结和硬化时间的外加剂。混凝土工程可采用下列缓凝剂：①葡萄糖、蔗糖、糖蜜、糖钙等糖类化合物；②柠檬酸（钠）、酒石酸（钾钠）、葡萄糖酸（钠）、水杨酸及其盐类等羟基羧酸及其盐类；③山梨醇、甘露醇等多元醇及其衍生物；④2-膦酸丁烷-1，2，4-三羧酸

（PBTC）、氨基三甲叉膦酸（ATMP）及其盐类等有机磷酸及其盐类；⑤磷酸盐、锌盐、硼酸及其盐类、氟硅酸盐等无机盐类。

1. 技术要求

用于高性能混凝土的缓凝剂应满足表 5.5.4-1 的技术要求，其匀质性应符合表 5.5.1-1 的要求。

掺缓凝剂的受检混凝土技术指标 表 5.5.4-1

泌水率比（%）	收缩率比（%）	凝结时间之差（min）		抗压强度比（%）	
		初凝	终凝	7d	28d
≤100	≤125	>+90	—	≥100	≥100

其他有关方面要求应符合现行国家标准《混凝土外加剂》GB 8076、《混凝土外加剂匀质性试验方法》GB/T 8077 的规定。

2. 缓凝剂性能试验方法

（1）掺缓凝剂的受检混凝土性能试验方法按现行国家标准《混凝土外加剂》GB 8076 规定执行。

（2）缓凝剂匀质性试验方法参照现行国家标准《混凝土外加剂匀质性试验方法》GB/T 8077 规定执行。

3. 应用要点

（1）缓凝剂宜用于有延缓凝结时间要求的混凝土，以及自密实混凝土、大体积混凝土等。

（2）缓凝剂的品种及掺量应根据环境温度、施工要求的混凝土凝结时间、运输距离、停放时间、强度等确定。

（3）用于连续浇筑混凝土时，混凝土的初凝时间应大于每层混凝土的施工时间，并满足施工设计要求。

（4）含有糖类组分的缓凝剂与减水剂复合使用时，可按 GB 50119 附录 A 方法进行与水泥的相容性试验。

（5）缓凝剂以溶液掺加时，计量必须正确，使用时加入拌合水中，溶液中的水量应从拌合水中扣除，尽量避免采用难溶和不溶物多的缓凝剂。

（6）缓凝剂可与其他种类减水剂复合使用，配制溶液时，如产生分层或沉淀等现象，应分别配制溶液并分别加入搅拌机。

（7）缓凝剂宜用于日最低气温 5℃ 以上施工的混凝土，不宜单独使用于有早强要求的混凝土及蒸养混凝土。

（8）当环境温度波动超过 10℃ 时，应经试验调整缓凝剂掺量或重新选择缓凝剂品种。

（9）缓凝剂的应用还应符合现行国家标准《混凝土外加剂应用技术规范》GB 50119 的其他有关规定。

【讲解说明】

在缓凝剂技术要求方面，本《指南》指标与现行国家标准《混凝土外加剂》GB 8076 比较，需要重点说明的是，28d 收缩率比为 125%，比标准中的 135% 要求严，因为高性能混凝土对收缩要求较严。

缓凝剂的掺量应根据生产厂家的推荐掺量和最大掺量通过混凝土凝结时间试验确定。高性能混凝土生产时，缓凝剂的掺量应精确计量，避免计量不准或其他原因造成的超掺。如果缓凝剂超掺不多，一旦发现凝结时间差异，不可强拆模板，应即时加强覆盖和表面养护，避免长时间失水导致表面出现裂缝以及强度的永久性损失。

实际使用缓凝剂时，因混凝土凝结时间的延长要求不同，对混凝土早期强度的影响也大不相同。混凝土凝结时间的延长一般会降低混凝土 3d 强度，凝结时间较长的可能还会影响混凝土 7d 强度；正常缓凝的情况下，因水化产物生长更完整，结构趋于更致密，对后期强度无影响，甚至还略有提高。对于有超缓凝要求的混凝土（初凝时间超过 48h），因水化过程过于延缓，一般后期强度会受明显影响，28d 强度较正常凝结混凝土最多可下降 30%。因此，高性能混凝土配合比设计时应充分考虑凝结时间过长对后期强度的影响，合理选择缓凝剂的用量，以确保后期强度满足要求。

部分缓凝剂有增大泌水的倾向，且缓凝作用使得混凝土在较长时间内保持塑性状态，增加了可泌水的时间。用于高性能混凝土的缓凝剂应严格控制泌水率比，减少因泌水产生的原始缺陷成为后期侵蚀性介质侵入的快速通道。

5.5.5 引气剂

引气剂是指在混凝土搅拌过程中能够引入大量均匀分布、稳定而封闭的微小气泡且能保留在硬化混凝土中的外加剂。混凝土工程可采用下列引气剂：①松香树脂类：松香热聚物、松香皂及改性松香等；②烷基和烷基芳烃磺酸盐类：十二烷基磺酸盐、烷基苯磺酸盐、石油磺酸盐等；③脂肪醇磺酸盐类：脂肪醇聚氧乙烯磺酸钠、脂肪醇硫酸钠等；④非离子聚醚类：脂肪醇聚氧乙烯醚、烷基苯酚聚氧乙烯醚等；⑤皂甙类：三萜皂甙类；⑥各种不同种类引气剂的复合物。

1. 技术要求

用于高性能混凝土中的引气剂应满足表 5.5.5-1 的技术要求，其匀质性应符合表 5.5.1-1 的要求。

掺引气剂的受检混凝土技术指标

表 5.5.5-1

减水率（%）	泌水率（%）	含气量（%）	收缩率比（%）	凝结时间之差（min）	1h 经时含气量（%）	抗压强度比（%）			相对耐久性（200 次）（%）
						3d	7d	28d	
≥6	≤70	≥3.0	≤135	−90〜+120	−1.5〜+1.5	≥95	≥95	≥90	≥80

其他有关方面要求应符合现行国家标准《混凝土外加剂》GB 8076、《混凝土外加剂匀质性试验方法》GB/T 8077 的规定。

2. 引气剂性能试验方法

（1）掺引气剂的受检混凝土性能试验方法按现行国家标准《混凝土外加剂》GB 8076 规定执行。

（2）引气剂匀质性试验方法参照现行国家标准《混凝土外加剂匀质性试验方法》GB/T 8077 规定执行。

3. 应用要点

（1）引气剂宜以溶液掺加，使用时加入拌合水中，溶液的水量应从拌合水中扣除。

（2）引气剂配制溶液时，应充分溶解后方可使用。引气剂可与减水剂、早强剂、缓凝剂、防冻剂复合使用。配制溶液时，如产生絮凝或沉淀等现象，应分别配制溶液并分别加入搅拌机内。

（3）当材料、配合比或施工条件变化时，应重新试验，确定引气剂的掺量。

（4）掺引气剂混凝土宜采用强制式搅拌机搅拌，并应搅拌均匀，搅拌时间及搅拌量应通过试验确定。出料到浇筑的停放时间也不宜过长。采用插入式振捣时，振捣时间不宜超过 20s。

（5）混凝土的含气量对强度影响较大，因此应确保引气剂计量准确，为方便计量减小误差，使用前宜将引气剂稀释，降低因计量误差导致的含气量波动问题。

（6）用于改善新拌混凝土工作性时，新拌混凝土含气量宜控制在 3%～5%。

（7）引气剂的应用还应符合现行国家标准《混凝土外加剂应用技术规范》GB 50119 的其他有关规定。

【讲解说明】

引气剂在机械搅拌作用下，在混凝土中引入大量微小气泡。在新拌混凝土中，气泡的引入可增加浆体的体积，改善混凝土的黏聚性，且气泡的滚珠轴承作用可增加浆体的润滑性，提高其泵送性能；在硬化混凝土中可细化孔径、降低气泡间距、优化气泡结构参数，从而有效改善和提高混凝土抗渗、抗冻等耐久性能。优质引气剂已成为高性能混凝土中必不可少的组分。

引气剂用于高性能混凝土，应注意以下两点：

1. 标准要求引气剂的含气量≥3.0%，仅规定了含气量的下限，未对上限做出限制。实际工程中，混凝土每增加 1.0%的含气量，可能导致强度降低 5%～10%；尤其对 C50 及以上标号混凝土强度降低明显。因此，实际工程中，从混凝土拌合物的和易性、抗压强度、相对耐久性等指标综合考虑，混凝土含气量控制在 3.0%～5.5%较为合适；

2. 含气量的稳定性是评价引气剂品质优劣的重要指标之一。实际使用过程中不应仅仅关注新拌混凝土含气量大小，而应更多关注入模时的含气量以及硬化后保留在混凝土中的含气量。对于有耐久性要求的高性能混凝土，更应关注硬化混凝土含气量，只有保留在硬化混凝土中气泡，才能真正提高混凝土的耐久性。

引气剂是外加剂复配中的重要功能组分，目前松香类引气剂生产厂家较多，其他引气剂的供应偏少。总体来看，配制高性能混凝土时仍有较大的范围可选择，可操作性强。

5.5.6 膨胀剂

膨胀剂是一种在水泥凝结硬化过程中使混凝土（包括砂浆及水泥净浆）产生可控制的膨胀以减少收缩的外加剂。依靠自身的化学反应或与水泥其他成分反应，在水化初期产生一定的限制膨胀，以补偿混凝土的收缩。在混凝土中掺入膨胀剂可以配制补偿收缩混凝土和自应力混凝土，因而得到快速地发展和应用。

混凝土膨胀剂按水化产物分为硫铝酸钙类混凝土膨胀剂（代号 A）、氧化钙类混凝土膨胀剂（代号 C）和硫铝酸钙-氧化钙类混凝土类膨胀剂（代号 AC）三类。

1. 性能要求

（1）用于高性能混凝土的膨胀剂应满足表 5.5.6-1 性能的要求。

混凝土膨胀剂性能指标 表 5.5.6-1

项目		指标值
细度	比表面积（m²/kg）	≥200
	1.18mm 筛筛余（%）	≤0.5
凝结时间	初凝（min）	≥45
	终凝（min）	≤600
限制膨胀率（%）	水中 7d	≥0.050
	空气中 21d	≥−0.010
抗压强度（MPa）	7d	≥20.0
	28d	≥40.0

（2）掺膨胀剂的补偿收缩混凝土，其限制膨胀率应符合表 5.5.6-2 的规定。

补偿收缩混凝土的限制膨胀率 表 5.5.6-2

用途	限制膨胀率（%）	
	水中 14d	水中 14d 转空气中 28d
用于补偿混凝土收缩	≥0.015	≥−0.030
用于后浇带、膨胀加强带和工程接缝填充	≥0.025	≥−0.020

其他有关方面要求应符合现行国家标准《混凝土膨胀剂》GB 23439 的规定。

2. 膨胀剂性能试验方法

（1）比表面积测定按现行国家标准《水泥比表面积测定方法勃氏法》GB/T 8074 的规定进行，1.18mm 筛筛余测定采用《金属丝编织网试验筛》GB/T 6003.1 规定的金属筛，按 GB/T 1345 中手工干筛法进行。

（2）凝结时间按现行国家标准《水泥标准稠度用水量、凝结时间、安定性检验方法》GB/T 1346 规定执行。

（3）限制膨胀率按现行国家标准《混凝土膨胀剂》GB/T 23439 规定执行。

（4）抗压强度按现行国家标准《水泥胶砂强度检验方法（ISO 法）》GB/T 17671 规定执行。

3. 应用要点

（1）膨胀剂与其他外加剂复合使用时，宜进行相容性试验。

（2）A 类、AC 类不得用于长期环境温度为 80℃以上的高性能混凝土工程；C 类膨胀剂不得用于海水或有侵蚀性水的工程。

（3）掺膨胀剂的混凝土适用于钢筋混凝土工程和填充性混凝土工程。

（4）掺膨胀剂的大体积混凝土，混凝土里表温差不宜大于 25℃。

（5）掺膨胀剂的补偿收缩混凝土刚性屋面宜用于南方地区。

（6）膨胀混凝土要有充分湿养护才能更好地发挥膨胀效应，必须重视养护工作。

（7）粉状膨胀剂应与混凝土其他原材料一起投入搅拌机，现场拌制的高性能混凝土搅拌时间要适当延长，以保证膨胀剂拌合均匀，提高匀质性。

（8）膨胀剂的应用还应符合现行国家标准《补偿收缩混凝土应用技术规程》JGJ/T 178 的其他有关规定。

【讲解说明】

高性能混凝土应用膨胀剂的目的在于：①提高混凝土抗裂能力，减少并防止裂缝的出现；②阻塞混凝土毛细孔渗水，提高混凝土抗渗等级；③使超长钢筋混凝土结构保持连续性，满足建筑设计要求；④不设后浇带以加快工程进度，防止后浇带处理不好引起地下室渗水。膨胀剂的性能直接决定使用效果。

膨胀剂的粒径与膨胀性能密切相关，比表面积能更精确地反映膨胀剂的细度性能，1.18mm 筛余主要考虑粗大颗粒水化较慢，不加控制会导致后期破坏性膨胀。

凝结时间与普通水泥的规定一致，初凝不小于 45min，终凝不大于 600min。

在膨胀剂技术要求方面，本《指南》指标与现行国家标准《混凝土膨胀剂》GB 23439—2009 比较，需要重点说明的是，限制膨胀率是膨胀剂的关键技术指标，故选用Ⅱ型产品指标。

在补偿收缩混凝土和填充用膨胀混凝土中，要求混凝土前期在水养环境中产生可控制的膨胀，在干燥环境中体积收缩小。由于微膨胀、低收缩的特性，可使高性能混凝土具有良好的体积稳定性，从而有效避免或减少裂缝的产生。

由于抗压强度是在自由状态下进行试验，掺加混凝土膨胀剂的水泥砂浆的抗压强度一般要低于不掺膨胀剂的水泥砂浆的抗压强度。在高性能混凝土中使用膨胀剂时，尽量选用对强度负面影响小的膨胀剂。

5.6 水

高性能混凝土用水是高性能混凝土拌合用水和高性能混凝土养护用水的总称，包括：饮用水、地表水、地下水、再生水等。

1. 技术要求

（1）高性能混凝土用水应满足表 5.6-1 的要求。

高性能混凝土用水的水质要求 表 5.6-1

指标	预应力混凝土	钢筋混凝土
pH 值	≥5.0	≥4.5
不溶物（mg/L）	≤2000	≤2000
可溶物（mg/L）	≤2000	≤5000
氯离子（mg/L）	≤350	≤1000
硫酸根离子（mg/L）	≤600	≤2000
碱含量（mg/L）	≤1500	≤1500

注：① 对于设计使用年限为 100 年的结构混凝土，氯离子含量不得超过 500mg/L；对使用钢丝或经热处理钢筋的预应力混凝土，氯离子含量不得超过 350mg/L；
②碱含量按 $Na_2O+0.658K_2O$ 计算值来表示；使用非碱活性骨料不检验碱含量。

（2）地表水、地下水、再生水的放射性应符合现行国家标准《生活饮用水卫生标准》GB 5749 的规定。

（3）被检验水样应与饮用水样进行水泥凝结时间对比试验，水泥初凝时间差及终凝时间差不应大于 30min；同时，初凝时间和终凝时间应符合现行国家标准《通用硅酸盐水泥》GB 175 的规定。

（4）被检验水样应与饮用水样进行水泥胶砂强度对比试验，被检验水样配制的水泥胶砂 3d 和 28d 强度不应低于饮用水配制的水泥胶砂强度的 90%。

（5）养护用水可不检验不溶物和可溶物，其他检验项目应符合表 5.6-1 的要求和（2）的要求，并可不检验水泥凝结时间和水泥胶砂强度。

其他有关方面要求应符合现行行业标准《混凝土用水标准》JGJ 63 的规定。

2. 试验方法

（1）pH 值按现行国家标准《水质　pH 值的测定　玻璃电极法》GB/T 6920 规定执行。

（2）不溶物按现行国家标准《水质　悬浮物的测定　重量法》GB 11901 规定执行。

（3）可溶物按现行国家标准《生活饮用水标准检验方法　感官性状和物理指标》GB/T 5750.4 规定的溶解性总固体检验方法执行。

（4）氯离子按现行国家标准《水质　氯化物的测定　硝酸银滴定法》GB 11896 规定执行。

（5）硫酸根离子按现行国家标准《水质　硫酸盐的测定　重量法》GB 11899 规定执行。

（6）碱含量按现行国家标准《水泥化学分析方法》GB/T 176 规定执行。

（7）凝结时间和水泥胶砂强度对比试验按现行行业标准《混凝土用水标准》JGJ 63 规定执行。

3. 应用要点

（1）未经处理的海水不得用于高性能混凝土的生产和养护。

（2）混凝土拌合用水不应有漂浮明显的油脂和泡沫、也不应有明显的颜色和异味。

（3）混凝土生产企业设备洗刷水在使用前应充分沉淀，不宜用于预应力混凝土、装饰混凝土、暴露于腐蚀环境的混凝土，并不得用于使用碱活性或具有潜在碱活性骨料的混凝土。

（4）混凝土生产企业设备洗刷水、生产废水不应单独用作高性能混凝土拌合用水，但可按一定比例掺用在正常用水中，混合后水质应符合本《指南》高性能混凝土用水的技术要求。

【讲解说明】

水是混凝土的主要组分之一，它能够直接影响混凝土拌合物的工作性能和硬化混凝土的力学性能、耐久性能。

饮用水一般为自来水，可以直接用作高性能混凝土的拌合用水和养护用水。

地表水主要包括河水、湖水、冰川水和沼泽水；地下水较少受到有机物和微生物污染，但溶解离子较多，通常硬度较高；再生水是指城市污水经再生工艺净化处理后具有使用功能的水。这些水在使用前需要检测，符合现行行业《混凝土用水标准》JGJ 63 的要求的地表水和地下水可以用作高性能混凝土的拌合用水和养护用水。

混凝土生产企业设备洗刷水、生产废水的 pH 值和碱含量高，不宜单独使用。

高性能混凝土不采用未经处理的海水。

5.7　纤维

5.7.1　钢纤维

钢纤维混凝土可采用碳钢纤维、低合金钢纤维或不锈钢纤维。钢纤维的形状可为平直形或异形，异形钢纤维又可为压痕形、波形、端钩形、大头形和不规则麻面形等。

1. 技术要求

（1）用于高性能混凝土的钢纤维几何参数宜符合表 5.7.1-1 的要求。

用于高性能混凝土的钢纤维几何参数　　　　　　　　　　表 5.7.1-1

用途	长度（mm）	直径（当量直径）（mm）	长径比
一般浇筑钢纤维混凝土	20～60	0.3～0.9	30～80
钢纤维喷射混凝土	20～35	0.3～0.8	30～80
钢纤维混凝土抗震框架节点	35～60	0.3～0.9	50～80
钢纤维混凝土铁路轨枕	30～35	0.3～0.6	50～70
层布式钢纤维混凝土复合路面	30～120	0.3～1.2	60～100

（2）用于高性能混凝土的钢纤维抗拉强度等级及其抗拉强度应符合表 5.7.1-2 的要求。

用于高性能混凝土的钢纤维抗拉强度等级　　　　　　　　表 5.7.1-2

钢纤维抗拉强度等级	抗拉强度（MPa）	
	平均值	最小值
600 级	$600 \leqslant R < 1000$	540
1000 级	$R \geqslant 1000$	900

（3）高性能混凝土用钢纤维的质量应符合表 5.7.1-3 的要求。

高性能混凝土用钢纤维的质量要求　　　　　　　　　　表 5.7.1-3

项目	技术指标
弯折性能的合格率（%）	≥90
尺寸偏差的合格率（%）	≥90
异形钢纤维形状合格率（%）	≥85
样本平均根数与标称根数的允许误差（%）	±10
杂质含量（%）	≤1.0

其他有关方面要求应符合现行行业标准《纤维混凝土应用技术规程》JGJ/T 221 的规定。

2. 钢纤维性能试验方法

钢纤维抗拉强度、弯折性能、尺寸偏差、异形钢纤维形状、钢纤维根数误差、钢纤维杂质含量的检验方法按照现行行业标准《纤维混凝土应用技术规程》JGJ/T 221 的规定执行。

3. 应用要点

（1）高性能混凝土宜采用异形钢纤维品种。

（2）钢纤维宜采用异形纤维，长度的选择可参照表 5.7.1-1 的要求。

（3）采用抗拉强度不低于 1000MPa 的高强异形钢纤维时，掺量可低于普通钢纤维的掺量。

（4）纤维混凝土生产应配备纤维专用计量和投料设备。

（5）宜先将钢纤维和粗、细骨料投入搅拌机干拌，将钢纤维打散，然后再加水泥、矿物掺合料、水和外加剂搅拌。

（6）钢纤维的应用还应符合现行行业标准《纤维混凝土应用技术规程》JGJ/T 221 的其他有关规定。

【讲解说明】

钢纤维混凝土适用于对弯拉（抗折）强度、弯曲韧性、抗裂、抗冲击、抗疲劳等性能要求较高的混凝土工程、结构或构件。目前，钢纤维原材料主要为碳钢、低合金钢，用于特殊腐蚀环境中时可采用不锈钢。目前国内外广泛使用的钢纤维主要有四大类：高强钢丝切断型、薄板剪切型、钢锭铣削型和熔抽型。钢丝切断型钢纤维是用切断机将冷拔钢丝按需要的长度切断制造的钢纤维。薄板剪切型钢纤维是由冷轧薄钢板剪切而成的。钢锭铣削型钢纤维是用专用铣刀对钢锭进行铣削制成的。熔抽型钢纤维是将外缘头部做成螺旋角状的圆盘与熔融的钢水表面接触，旋转时圆盘与钢水接触的瞬间即将钢水带了出来，由于旋转时的离心力，同时对圆盘进行冷却，被圆盘带出来的钢水迅速凝固成纤维。目前，世界上只有少数几个国家掌握了熔抽型钢纤维的生产技术。

在钢纤维技术要求方面，本《指南》指标与现行行业标准《纤维混凝土应用技术规程》JGJ/T 221 比较，需要重点说明的是，钢纤维高性能混凝土采用不低于抗拉强度等级为 600 级的钢纤维，有利于保证钢纤维高性能混凝土的特性。钢纤维的抗拉强度等级能够明显影响增强增韧效果。研究发现，采用高强度混凝土和低强度钢纤维配制的纤维混凝土，断裂时较多钢纤维被拉断，增强增韧效果较差。所以，用于高性能混凝土的钢纤维抗拉强度等级应为 600 级及以上。

钢纤维的增强、增韧效果与钢纤维的长度、直径（或当量直径）、长径比、纤维形状和表面特性等因素有关。钢纤维长度太短时增强效果不明显，太长则影响混凝土拌合物性能；钢纤维太细在拌合过程中易被弯折甚至结团，太粗则在等体积含量时增强效果差；钢纤维的增强作用随长径比增大而提高。大量试验研究和工程经验表明：长度为 20～60mm，直径为 0.3～0.9mm，长径比在 30～80 范围内的钢纤维具有较好的增强效果和施工性能。

钢纤维的弯折性能要求是为了保证钢纤维的材质质量，使其在拌合过程中不发生脆断。

钢纤维的尺寸偏差和平均根数要求是为了检验钢纤维的生产控制质量，减少同一产品的差异。

异形钢纤维的尺寸偏差要求是为了检验异形钢纤维的生产控制质量，减少同一产品的差异，并保证异形钢纤维与混凝土基体的粘结性能。

钢纤维的杂质含量要求是为了保证钢纤维的使用性能。钢纤维表面粘有油污等不利于与水泥黏结的物质，会影响钢纤维与混凝土基体的黏结强度。

由于钢纤维混凝土基体破坏时，钢纤维基本上是从基体中拔出而不是拉断，因此，钢纤维的增强作用主要取决于钢纤维与混凝土基体的黏结性能。异形、表面粗糙的钢纤维品种黏结性能较好，适用于高性能混凝土。

5.7.2 合成纤维

合成纤维混凝土可采用聚丙烯腈（PAN）纤维、聚丙烯（PP）纤维、聚酰胺（PA）

纤维或聚乙烯醇（PVA）纤维等。合成纤维可为单丝纤维、束状纤维、膜裂纤维和粗纤维等。合成纤维应为无毒材料。合成纤维应符合现行行业标准《纤维混凝土应用技术规程》JGJ/T 221 中对于合成纤维的有关规定。

1. 性能要求

（1）用于高性能混凝土的合成纤维的规格宜符合表 5.7.2-1 的要求。

合成纤维的规格要求　　　　　　　　　　表 5.7.2-1

外形	公称长度（mm）		当量直径（μm）
	用于水泥砂浆	用于水泥混凝土	
单丝纤维	3～20	6～40	5～100
膜裂纤维	5～20	15～40	—

（2）合成纤维的性能应符合表 5.7.2-2 的要求。

合成纤维的性能要求　　　　　　　　　　表 5.7.2-2

项目	防裂抗裂纤维
抗拉强度（MPa）	≥270
初始模量（MPa）	≥3.0×10^3
断裂伸长率（%）	≤40
耐碱性能（%）	≥95.0

（3）用于高性能混凝土的合成纤维的分散性相对误差、混凝土抗压强度比应符合表 5.7.2-3 的要求。

合成纤维的分散性相对误差、混凝土抗压强度比要求　　　表 5.7.2-3

项目	防裂抗裂纤维
分散性相对误差（%）	±10
混凝土抗压强度比（%）	≥90

（4）单丝合成纤维的主要性能参数宜经试验确定；当无试验资料时，可按表 5.7.2-4 选用。

单丝合成纤维的主要性能参数要求　　　　　表 5.7.2-4

项目	聚丙烯腈纤维	聚丙烯纤维	聚丙烯粗纤维	聚酰胺纤维	聚乙烯醇纤维
截面形状	肾形或圆形	圆形或异形	圆形或异形	圆形	圆形
密度（g/cm³）	1.16～1.18	0.90～0.92	0.90～0.93	1.14～1.16	1.28～1.30
熔点（℃）	190～240	160～176	160～176	215～225	215～220
吸水率（%）	<2	<0.1	<0.1	<4	<5

2. 合成纤维性能试验方法

用于高性能混凝土的合成纤维主要性能的试验方法按照现行国家标准《水泥混凝土和砂浆用合成纤维》GB/T 21120 的规定执行。

3. 应用要点

（1）通常情况下，对于抑制混凝土塑性裂缝，宜选用聚丙烯纤维。

（2）不宜选用聚酯纤维。

（3）一般宜优先选用膜裂纤维。

（4）为了保证合成纤维均匀分散在混凝土中，最好先将纤维和粗、细骨料干拌，将纤维打散，然后再加入其他材料共同湿拌。合成纤维混凝土的搅拌时间应比普通混凝土长。

【讲解说明】

合成纤维混凝土适用于要求改善早期抗裂、抗渗、抗冲击和抗疲劳等性能的混凝土工程、结构或构件。

合成纤维的品种和规格繁多，主要有聚丙烯（PP）纤维、聚丙烯腈（PAN）纤维、聚酰胺（PA）纤维和聚乙烯醇（PVA）纤维等。

聚丙烯纤维价格低廉，生产工艺简单，在我国的生产厂家很多。聚丙烯纤维在碱液和升温（pH=14，温度为80℃）条件下，6h后强度保持率大于95%，具有非常好的耐碱性能，是目前用于混凝土最主要的合成纤维品种。

聚丙烯腈纤维俗称腈纶，能耐酸，但耐碱性较差。聚丙烯腈纤维在碱液和升温（pH=14，温度为80℃）条件下，6h后强度保持率仅为76%，当pH=13；温度为80℃时，24h后强度保持率也仅为85%；但是在环境pH值较低时的强度保持率基本可以满足要求，在这种条件下可以用于混凝土。

聚酰胺纤维俗称尼龙，具有无毒、质轻、机械强度优良、耐磨性及耐腐蚀性较好等特点。在混凝土中应用时，其耐碱性能十分优秀。

聚乙烯醇纤维的生产技术较为特殊，并且会对周边环境造成影响，目前在我国的生产尚不广泛，但在日本已有较为成熟的产品。聚乙烯醇纤维的耐酸性能和耐碱性能均很好，对碱的稳定性优于对酸的稳定性。

聚酯纤维俗称涤纶，其耐碱性差，不适用于水泥混凝土。

目前，国内外生产的合成纤维绝大多数都是聚烯烃类纤维，主要为聚丙烯纤维；聚乙烯醇纤维在国内已有企业开始生产，但是价格较高，在混凝土中应用尚不广泛。

第6章 配合比设计

6.1 常规品高性能混凝土配合比设计

6.1.1 基本要求

1. 高性能混凝土配合比应按强度和耐久性能进行设计，并应满足混凝土配制强度及其他力学性能、拌合物性能、长期性能和耐久性能的设计要求。

2. 高性能混凝土配合比设计主要包括计算和试配两个阶段：计算是为试配服务的，具有近似性，目的是将试配工作压缩到一个较小的合理范围，使试配工作更为简捷、准确和减少试验量；试配才是高性能混凝土配合比设计的关键，通过试验，调整确定拌合物性能、力学性能和耐久性能等，使高性能混凝土性能满足工程设计和施工的要求，同时，在技术和经济方面，将配合比优化到最佳。

【讲解说明】

基本要求第1条提出了高性能混凝土配合比设计的总体目标，所有具体技术及其操作都应围绕这一目标展开，在这一总体目标的范畴内，具体技术及其操作可具有灵活性，在试验及技术依据和充分的情况下，有更宽泛的选择，从而避免具体规定的局限性。混凝土配合比是生产、施工的关键环节之一，对于保证混凝土质量和节约资源具有重要意义。高性能混凝土配合比设计不仅仅应满足强度要求，还应满足施工性能、其他力学性能、长期性能和耐久性能的要求。

在混凝土配合比设计方面，长期存在一种误解：仅仅通过计算而不经过试验即可完成设计。实际上，配合比设计是一门试验技术，试验才是混凝土配合比设计的关键，计算是为试验服务的，具有近似性，目的是将试验工作压缩到一个较小的合理范围，使试验工作更为简捷、准确和减少试验量。

6.1.2 配制强度的确定

1. 高性能混凝土配制强度应按下列要求确定：

当混凝土的设计强度等级小于C60时，配制强度应按下式确定：

$$f_{cu,0} \geqslant f_{cu,k} + 1.645\sigma \tag{6.1.2-1}$$

式中 $f_{cu,0}$——混凝土配制强度（MPa）；

$f_{cu,k}$——混凝土立方体抗压强度标准值，这里取混凝土的设计强度等级值（MPa）；

σ——混凝土强度标准差（MPa）。

2. 混凝土强度标准差应按下列要求确定：

（1）当具有近1～3个月的同一品种、同一强度等级混凝土的强度资料，且试件组数不小于30时，其混凝土强度标准差σ应按下式计算：

$$\sigma = \sqrt{\frac{\sum_{i=1}^{n} f_{cu,i}^2 - nm_{fcu}^2}{n-1}} \qquad (6.1.2-2)$$

式中 σ——混凝土强度标准差；

$f_{cu,i}$——第 i 组的试件强度（MPa）；

m_{fcu}——n 组试件的强度平均值（MPa）；

n——试件组数。

对于强度等级不小于 C30 且不大于 C60 的混凝土，当混凝土强度标准差计算值不小于 4.0MPa 时，应按式（6.1.2-2）计算结果取值；当混凝土强度标准差计算值小于 4.0MPa 时，应取 4.0MPa。

（2）当没有近期的同一品种、同一强度等级混凝土强度资料时，其强度标准差 σ 可按表 6.1.2 取值。

（3）当采用非统计方法评定混凝土强度时，强度标准差 σ 应按表 6.1.2 取值。

标准差 σ 值 表 6.1.2

混凝土强度标准值	C30～C45	C50～C55
σ（MPa）	5.0	6.0

【讲解说明】

混凝土配制强度计算公式采用的标准差来自生产实际，按公式计算的混凝土强度具有 95％的保证率。由于试配工作是在试验室进行的，而实际生产施工条件与试验室存在差距，如果这个差距较大，应采用表 6.1.2 的标准差 σ 值。对于无规律和经验可循的生产或采用非统计方法评定混凝土强度等情况时，应采用表 6.1.2 的标准差 σ 值。

与对于强度等级小于 C60 的混凝土，实践证明传统的计算公式是合理的，因此仍然沿用传统的计算公式；对于强度等级不小于 C60 的混凝土，则采用高强混凝土配制强度的计算公式，见本《指南》6.2.2。

6.1.3 高性能混凝土耐久性能配合比设计控制目标及要求

1. 高性能混凝土耐久性能配合比设计控制目标

高性能混凝土配合比设计应将工程设计文件规定的耐久性能指标和长期性能指标作为控制目标。

工程设计文件未提出混凝土耐久性能设计指标时，混凝土配合比设计须结合工程具体情况，以本《指南》第 3 章关于环境分类、结构构件部位及相应的耐久性能要求作为控制目标。

除上述混凝土耐久性能控制项目外，如果工程设计文件还规定了混凝土收缩、徐变等长期性能指标作为控制目标，则配合比设计也应将其作为控制目标。

2. 高性能混凝土拌合物中水溶性氯离子基本要求

高性能混凝土拌合物中水溶性氯离子最大含量应符合表 6.1.3-1 的规定，其测试方法应符合现行行业标准《混凝土中氯离子含量检测技术规程》JGJ/T 322 的规定。

高性能混凝土拌合物中水溶性氯离子最大含量　　　　表 6.1.3-1

环境条件	水溶性氯离子最大含量（%，水泥用量的质量百分比）	
	钢筋混凝土	预应力混凝土
干燥环境	0.30	
潮湿但不含氯离子的环境	0.20	0.06
潮湿且含有氯离子的环境、盐渍土环境	0.10	
除冰盐等侵蚀性物质的腐蚀环境	0.06	

3. 高性能混凝土抗裂性能的配合比控制要求

高性能混凝土配合比的混凝土试配宜进行早期抗裂试验，其控制要求为：单位面积上的总开裂面积不宜大于 $700mm^2/m^2$。

4. 一般环境中的高性能混凝土配合比控制要求

（1）一般环境中高性能混凝土配合比基本要求应满足表 6.1.3-2 要求。

一般环境中的高性能混凝土配合比控制要求　　　　表 6.1.3-2

环境作用等级控制项目	50 年	100 年	
	I-C	I-B	I-C
水胶比	≤0.45	≤0.42	≤0.40

（2）抗渗配合比设计基本要求

① 高性能混凝土抗渗等级应不小于 P12，配制抗渗混凝土要求的抗渗水压值应比设计值提高 0.2MPa。

② 抗渗试验结果应满足下式要求：

$$P_t \geqslant \frac{P}{10} + 0.2 \qquad (6.1.3)$$

式中　P_t——六个试件中不少于 4 个未出现渗水时的最大水压值（MPa）；

　　　P——设计要求的抗渗等级值。

③ 掺用引气剂或引气型外加剂的抗渗混凝土，应进行含气量试验，含气量宜控制在 3.0%～5.0%。

5. 高性能混凝土抗冻配合比设计基本要求

（1）冻融环境中高性能混凝土配合比基本要求应满足表 6.1.3-3 要求。

冻融环境中的高性能混凝土耐久性控制　　　　表 6.1.3-3

环境作用等级 控制项目	50 年			100 年		
	II-C	II-D	II-E	II-C	II-D	II-E
水胶比	≤0.45	≤0.42	≤0.38	≤0.42	≤0.38	≤0.35
胶凝材料用量（kg/m³）	≥350	≥380	≥400	≥380	≥400	≥420

（2）最大水胶比应不大于 0.45；每立方米混凝土中的胶凝材料用量不宜小于 350kg。

（3）复合矿物掺合料掺量宜符合表 6.1.3-4 的规定；其他矿物掺合料掺量宜符合本《指南》表 6.1.4-1 的规定。

复合矿物掺合料最大掺量 表 6.1.3-4

水胶比	最大掺量（%）	
	采用硅酸盐水泥时	采用普通硅酸盐水泥时
≤0.40	60	50
>0.40	50	40

注：① 采用其他通用硅酸盐水泥时，可将水泥混合材掺量 20%以上的混合材量计入矿物掺合料；
　　② 复合矿物掺合料中各矿物掺合料组分的掺量不宜超过表 6.1.4-1 中单掺时的限量。

（4）掺用引气剂的混凝土最小含气量应符合本《指南》表 6.1.3-5 的要求。

长期处于潮湿或水位变动的寒冷和严寒环境、盐冻环境、受除冰盐作用环境的高性能混凝土应掺用引气剂。引气剂掺量应根据混凝土含气量要求经试验确定，高性能混凝土最小含气量应符合表 6.1.3-5 的规定，最大不宜超过 7.0%。

高性能混凝土最小含气量 表 6.1. 3-5

粗骨料最大公称粒径（mm）	混凝土最小含气量（%）	
	潮湿或水位变动的寒冷和严寒环境	受除冰盐作用、盐冻环境、海水冻融环境
40.0	4.5	5.0
25.0	5.0	5.5
20.0	5.5	6.0

注：含气量为气体占混凝土体积的百分比。

6. 高性能混凝土抗氯离子渗透配合比设计基本要求

高性能混凝土抗氯离子渗透的配合比基本要求应满足表 6.1.3-6 的要求

氯化物环境中的高性能混凝土配合比基本要求 表 6.1. 3-6

环境作用等级 / 控制项目	50 年				100 年			
	III-C IV-C	III-D IV-D	III-E IV-E	III-F	III-C IV-C	III-D IV-D	III-E IV-E	III-F
水胶比	≤0.42	≤0.40	≤0.36	≤0.34	≤0.40	≤0.36	≤0.34	≤0.32
矿物掺合料掺量（%）	≥35				≥40			

注：① 当海洋氯化物环境与冻融环境同时作用时，应采用引气混凝土；
　　② 矿物掺合料掺量系指采用普通硅酸盐水泥情况的掺量；
　　③ 宜合理选用矿渣、硅灰等可有效降低混凝土氯离子迁移系数和电通量的矿物掺合料。

7. 高性能混凝土抗化学腐蚀配合比设计基本要求

（1）化学腐蚀环境高性能混凝土配合比基本要求应满足表 6.1.3-7 的要求。

化学腐蚀环境中的高性能混凝土配合比基本要求 表 6.1. 3-7

环境作用等级 / 控制项目	50 年			100 年		
	V-C	V-D	V-E	V-C	V-D	V-E
水胶比	≤0.42	≤0.39	≤0.36	≤0.39	≤0.36	≤0.33
矿物掺合料掺量（%）	≥30			≥35		

注：① 矿物掺合料掺量系指采用普通硅酸盐水泥情况的掺量；
　　② 矿物掺合料主要为矿渣粉和粉煤灰等，或复合采用。

（2）高性能混凝土抗硫酸盐或镁盐侵蚀配合比基本要求应满足表6.1.3-8的要求

高性能混凝土抗硫酸盐或镁盐侵蚀配合比基本要求　　　　表 6.1.3-8

抗硫酸盐等级	最大水胶比	矿物掺合料掺量（%）
KS120	0.42	≥30
KS150	0.38	≥35
＞KS150	0.33	≥40

注：① 矿物掺合料掺量为采用普通硅酸盐水泥情况的掺量；
　　② 矿物掺合料主要为矿渣粉和粉煤灰等，或复合采用。

（3）高性能混凝土抗其他化学腐蚀配合比基本要求应满足下表6.1.3-9的要求

高性能混凝土抗其他化学腐蚀配合比基本要求　　　　表 6.1.3-9

环境条件	腐蚀介质指标	最大水胶比
水（含酸雨等）中酸碱度（pH值）	6.0～5.5	0.42
	5.5～5.0	0.39
	＜5.0	0.36
水中侵蚀性 CO_2 浓度（mg/L）	15～30	0.42
	30～60	0.40
	60～100	0.38

【讲解说明】

　　高性能混凝土配合比设计将耐久性能指标和长期性能指标作为控制目标是本《指南》的重要举措。高性能混凝土配合比设计中的耐久性能和长期性能的控制指标需要依据工程设计文件。工程设计文件常用的混凝土耐久性能控制项目（指标）主要有：抗冻性能——抗冻性能等级（快冻法）、抗水渗透性能——抗渗等级（逐级加压法）、抗硫酸盐侵蚀性能——抗硫酸盐等级、抗氯离子渗透性能——氯离子迁移系数（RCM法）或电通量、抗碳化性能——碳化深度；另外，还有工程设计文件少用的特殊的耐久性能要求，如混凝土中钢筋锈蚀试验要求、早期抗裂性能——单位面积上的总开裂面积、盐冻试验（单边冻融法）要求、混凝土早期收缩试验（非接触法）要求、抗压疲劳变形试验要求等。这些混凝土耐久性能和长期性能试验方法的依据为《普通混凝土长期性能和耐久性能试验方法标准》GB/T 50082。

　　要满足设计要求的混凝土耐久性能和长期性能的控制指标，则须配合比满足一些基本要求，见表6.1.3-1～表6.1.3-9，一般来说，满足这些基本要求，设计要求的混凝土耐久性能和长期性能基本可以满足，当然，还应在配合比试配阶段通过试验来验证。这些表与经验计算公式一样，也是实践经验和研究的总结，其作用同样是为试验服务的，具有近似性，目的是将试验工作压缩到一个较小的合理范围，使试验工作更为简捷、准确和减少试验量。

　　一般环境中高性能混凝土配合比基本要求主要针对抗水渗透和抗碳化，要达到本《指南》环境作用等级要求的抗水渗透和抗碳化性能，尤其是抗碳化的要求，除水胶比较小外，同时，在通常骨料水平（目前较差）情况下，胶凝材料用量比较充分有利于混凝土颗粒结构组成比较密实，有利于抗水和抗 CO_2 渗透的性能，但对于抗碳化性能，还取决于矿物掺合料掺量，通常掺量越大则越不利。

冻融环境中高性能混凝土配合比基本要求主要针对混凝土抗冻，要达到本《指南》环境作用等级要求的抗冻性能，需要在混凝土中掺加引气剂。胶凝材料用量比较充分，浆体也相对比较充分，混凝土易于引气，含气量也相对比较稳定，有利于抗冻；但引气会降低混凝土强度，可适当降低水胶比，提高强度。但对于抗抗冻性能，还取决于矿物掺合料掺量，通常掺量越大则越不利。

高性能混凝土抗氯离子渗透的配合比基本要求的解释与抗渗和抗碳化类似，都是提高混凝土的密实性，提高抗渗透能力，有所区别的是混凝土抗氯离子渗透对混凝土密实性要求更高，因此水胶比更低，为了保证混凝土泵送施工，混凝土浆体宜比较充分，因此胶凝材料用量不宜太少，其他耐久性能要求低水胶比情况都与此类似；另一差异则是混凝土抗氯离子渗透需要掺加较多矿物掺合料，而且应尽量采用掺入混凝土后使混凝土氯离子迁移系数和电通量比较小的矿物掺合料。

化学腐蚀环境高性能混凝土配合比基本要求除应提高混凝土密实性外，要达到本《指南》环境作用等级要求的抗化学腐蚀性能，尚应减少混凝土中参与化学反应和易于溶出的成分，在低水胶比、胶凝材料比较充分的情况下，宜掺加较多矿物掺合料。对于地下硫酸盐环境，也应考虑掺加较多矿物掺合料。对于酸雨、水中侵蚀性 CO_2 腐蚀环境，可采取措施提高提高混凝土密实度减缓腐蚀介质的侵蚀。

6.1.4 矿物掺合料掺量要求及确定

高性能混凝土通常掺用矿物掺合料，矿物掺合料的选用以及掺量应通过试验确定。掺用矿物掺合料以采用硅酸盐水泥或普通硅酸盐水泥为好。一般情况下，钢筋混凝土中矿物掺合料最大掺量宜符合表 6.1.4-1 的规定，预应力钢筋混凝土中矿物掺合料最大掺量宜符合表 6.1.4-2 的规定。对基础大体积混凝土，粉煤灰、粒化高炉矿渣粉和复合掺合料的最大掺量可增加 5%。采用掺量大于 30% 的 C 类粉煤灰的混凝土应以实际使用的水泥和粉煤灰掺量进行安定性检验。

钢筋混凝土中矿物掺合料最大掺量 表 6.1.4-1

矿物掺合料种类	水胶比	最大掺量（%）	
		采用硅酸盐水泥时	采用普通硅酸盐水泥时
粉煤灰	≤0.40	45	35
	>0.40	40	30
粒化高炉矿渣粉	≤0.40	65	55
	>0.40	55	45
钢渣粉	—	30	20
磷渣粉	—	30	20
硅灰	—	10	10
复合掺合料	≤0.40	65	55
	>0.40	55	45

注：① 采用其他通用硅酸盐水泥时，宜将水泥混合材掺量 20% 以上的混合材量计入矿物掺合料；
② 复合掺合料各组分的掺量不宜超过单掺时的最大掺量；
③ 在混合使用两种或两种以上矿物掺合料时，矿物掺合料总掺量应符合表中复合掺合料的规定。

预应力钢筋混凝土中矿物掺合料最大掺量　　　　　　表 6.1.4-2

矿物掺合料种类	水胶比	最大掺量（%）	
		采用硅酸盐水泥时	采用普通硅酸盐水泥时
粉煤灰	≤0.40	35	30
	>0.40	25	20
粒化高炉矿渣粉	≤0.40	55	45
	>0.40	45	35
钢渣粉		20	10
磷渣粉		20	10
硅灰		10	10
复合掺合料	≤0.40	55	45
	>0.40	45	35

注：同表 6.1.4-1 的注。

在确定矿物掺合料及其掺量前，可先计多个不同的掺量方案，根据混凝土配制强度和耐久性能要求，分别计算水胶比、用水量、胶凝材料用料和粗细骨料等配合比，然后对不同矿物掺合料掺量方案的配合比进行技术经济比较，选取最佳掺量方案的配合比进行混凝土试配和调整，最终确定矿物掺合料及其掺量。

【讲解说明】

通常情况下，控制矿物掺合料最大掺量有利于保证混凝土耐久性能，尤其是对于抗碳化、抗冻等性能等最普遍的需求，但对于有较高抗硫酸盐侵蚀、抗氯离子渗透要求的高性能混凝土，则可根据技术要求不拘泥于表 6.1.4-1 和表 6.1.4-2 的限值。如果需要掺加大量矿物掺合料而又不超出表 6.1.4-1 和表 6.1.4-2 的限值，则采用复合使用矿物掺合料的方法比较合理。再者，不同的矿物掺合料有不同的优点和弱点，复合使用可相得益彰，例如：粉煤灰有利于提高混凝土的泵送施工性能，但掺多了会影响混凝土早期强度、抗碳化、抗冻等性能；而矿渣粉强度补偿能力好，降低混凝土电通量也较有效，但低水胶比时掺多了混凝土拌合物比较黏，如果与粉煤灰复合使用，对混凝土综合性能有利。关键看注重哪方面的需求，合理设计相对比例。

矿物掺合料在高性能混凝土中的实际掺量是通过试验确定的，当采用超出表 6.1.4-1 和表 6.1.4-2 给出的矿物掺合料最大掺量时，可通过对高性能混凝土性能进行全面试验论证，证明结构混凝土安全性和耐久性可以满足设计要求后，还是可以采用的。

6.1.5　水胶比计算及要求

1. 当混凝土强度等级小于 C60 时，混凝土水胶比宜按下式计算：

$$W/B = \frac{\alpha_a \cdot f_b}{f_{cu,0} + \alpha_a \cdot \alpha_b \cdot f_b} \tag{6.1.5-1}$$

式中　W/B——混凝土水胶比；

α_a、α_b——回归系数；

f_b——胶凝材料 28d 胶砂抗压强度（MPa），可实测，且试验方法应按现行国家标准《水泥胶砂强度检验方法（ISO 法）》GB/T 17671 执行；也可按本《指南》公式（6.1.5-2）计算。

2. 回归系数（α_a、α_b）宜按下列要求确定：

（1）根据工程所使用的原材料，通过试验建立的水胶比与混凝土强度关系式来确定；

（2）当不具备上述试验统计资料时，可按表 6.1.5-1 选用。

回归系数（α_a、α_b）取值表　　　　　表 6.1.5-1

系数 \ 粗骨料品种	碎　石	卵　石
α_a	0.53	0.49
α_b	0.20	0.13

3. 当胶凝材料 28d 胶砂抗压强度值（f_b）无实测值时，可按下式计算：

$$f_b = \gamma_f \cdot \gamma_s \cdot f_{ce} \qquad (6.1.5\text{-}2)$$

式中　γ_f、γ_s——粉煤灰影响系数和粒化高炉矿渣粉影响系数，可按表 6.1.5-2 选用；

f_{ce}——水泥 28d 胶砂抗压强度（MPa），可实测，也可本《指南》公式 6.1.5-3 计算。

粉煤灰影响系数（γ_f）和粒化高炉矿渣粉影响系数（γ_s）　　表 6.1.5-2

掺量（%） \ 种类	粉煤灰影响系数 γ_f	粒化高炉矿渣粉影响系数 γ_s
0	1.00	1.00
10	0.85～0.95	1.00
20	0.75～0.85	0.95～1.00
30	0.65～0.75	0.90～1.00
40	0.55～0.65	0.80～0.90

4. 当水泥 28d 胶砂抗压强度（f_{ce}）无实测值时，可按下式计算：

$$f_{ce} = \gamma_c \cdot f_{ce,g} \qquad (6.1.5\text{-}3)$$

式中　γ_c——水泥强度等级值的富余系数，可按实际统计资料确定；当缺乏实际统计资料时，也可按表 6.1.5-3 选用；

$f_{ce,g}$——水泥强度等级值（MPa）。

水泥强度等级值的富余系数（γ_c）　　　　表 6.1.5-3

水泥强度等级值	32.5	42.5	52.5
富余系数	1.12	1.16	1.10

计算的水胶比应与本《指南》6.1.3 节中的高性能混凝土耐久性能配合比设计控制目标及要求进行对比，并应满足要求。

【讲解说明】

高性能混凝土配合比设计分为计算和试配两个阶段，计算的目的是将试配工作压缩到一个较小的合理范围，使试配工作更为简捷、准确和减少试验量，因此具有近似性，允许存在误差。水胶比计算同样遵循这一指导思想，因此，有试验数据，可以据此进行计算，没有试验数据，也可依据长期大量总结的经验公式和数据进行计算，差异在于误差大小以及后续试验工作范围大小。总之，具有可算性。

为了使混凝土水胶比计算公式更符合实际情况以及普遍掺加粉煤灰和粒化高炉矿渣粉等矿物掺合料的技术发展情况，在试验验证的基础上，对 0.30～0.68 水胶比范围，采用掺加矿物掺合料的胶凝材料胶砂强度和相应的混凝土强度进行回归分析，并经过试验验证，给出了表 6.1.5-2 粉煤灰影响系数 γ_f 和粒化高炉矿渣粉影响系数 γ_s。表 6.1.5-3 中水泥强度等级值的富余系数是在全国范围内调研的基础上给出的。因此，无论有无胶凝材料胶砂强度实测数据，都可以计算水胶比。

验证试验覆盖全国代表性的主要地区和城市，参加试验的单位有：中国建筑科学研究院、北京建工集团有限责任公司、中国建筑材料科学研究总院、建研建材有限公司、中建商品混凝土公司、重庆市建筑科学研究院、辽宁省建设科学研究院、贵州中建建筑科研设计院有限公司、云南建工混凝土有限公司、上海嘉华混凝土有限公司、甘肃土木工程科学研究院、广东省建筑科学研究院、宁波金鑫商品混凝土有限公司、深圳市富通混凝土有限公司、天津港保税区航保商品砼供应有限公司、山西四建集团有限公司等。试验量多达上千组，试验结果规律性良好。

6.1.6 用水量和外加剂用量

1. 未掺减水剂的塑性混凝土的用水量（m_{w0}）应符合下列要求：

（1）水胶比在 0.40～0.45 时，可按表 6.1.6 选取；

（2）水胶比小于 0.40 时，可参考表 6.1.6 通过试验确定。

未掺减水剂的塑性混凝土的用水量（kg/m³）　　　　　　表 6.1.6

拌合物稠度		卵石最大公称粒径（mm）				碎石最大公称粒径（mm）			
项目	指标	10.0	20.0	31.5	40.0	16.0	20.0	31.5	40.0
坍落度 （mm）	10～30	190	170	160	150	200	185	175	165
	35～50	200	180	170	160	210	195	185	175
	55～70	210	190	180	170	220	205	195	185
	75～90	215	195	185	175	230	215	205	195

注：本表用水量系采用中砂时的取值。采用细砂时，每立方米混凝土用水量可增加 5～10kg；采用粗砂时，可减少 5～10kg。

2. 掺减水剂的流动性或大流动性混凝土的用水量（m_{w0}）可按下式计算：

$$m_{w0} = m'_{w0}(1-\beta) \tag{6.1.6-1}$$

式中　m_{w0}——计算配合比每立方米混凝土的用水量（kg/m³）；

m'_{w0}——未掺减水剂时推定的满足实际坍落度要求的每立方米混凝土用水量（kg/m³），以本《指南》表 6.1.6 中 90mm 坍落度的用水量为基础，按每增大 20mm 坍落度相应增加 5kg/m³ 用水量来计算；

β——外加剂的减水率（%），应经混凝土试验确定。

3. 混凝土中外加剂用量（m_{a0}）应按下式计算：

$$m_{a0} = m_{b0}\beta_a \tag{6.1.6-2}$$

式中　m_{a0}——计算配合比每立方米混凝土中外加剂用量（kg/m³）；

m_{b0}——计算配合比每立方米混凝土中胶凝材料用量（kg/m³），计算应符合本《指南》6.1.7 节的规定；

β_a——外加剂掺量（%），应经混凝土试验确定。

　　计算水胶比后，需要确定用水量，实践证明表6.1.6是好用的。用水量应满足浆体量的需求，而浆体量应能充分填充骨料间的空隙并起到"润滑"骨料的作用。骨料粒径、混凝土拌合物坍落度不同，则需要的浆体量是不同的，因而对应的用水量也不同。表6.1.6系未掺加减水剂的塑性混凝土用水量，掺加减水剂的流动性或大流动性混凝土的用水量，尚应依据公式（6.1.6-1）进行计算，应注意：β——外加剂的减水率（%），应经混凝土试验确定，而不是砂浆试验。本节具有指导性作用，尤其对于缺乏经验和试验资料者比较重要。

　　在实际工作中，有些有经验的专业技术人员将满足混凝土拌合物性能和节约胶凝材料作为目标，结合经验选择比较经济的胶凝材料用量并经对比试验来确定混凝土的外加剂用量和用水量，这种做法也不是不可以。

6.1.7　胶凝材料、矿物掺合料和水泥用量

　　1. 混凝土的胶凝材料用量（m_{b0}）应按下式计算，并应进行试拌调整，在拌合物性能满足的情况下，取经济合理的胶凝材料用量：

$$m_{b0} = \frac{m_{w0}}{W/B} \tag{6.1.7-1}$$

　　2. 混凝土的矿物掺合料用量（m_{f0}）应按下式计算：

$$m_{f0} = m_{b0}\beta_f \tag{6.1.7-2}$$

式中　m_{f0}——计算配合比每立方米混凝土中矿物掺合料用量（kg/m³）；

　　　　β_f——矿物掺合料掺量（%），可结合本《指南》6.1.4节的要求确定。

　　3. 混凝土的水泥用量（m_{c0}）应按下式计算：

$$m_{c0} = m_{b0} - m_{f0} \tag{6.1.7-3}$$

式中　m_{c0}——计算配合比每立方米混凝土中水泥用量（kg/m³）。

【讲解说明】

　　应注意：计算胶凝材料、矿物掺合料和水泥用量时，不要变动水胶比。

　　对于同一强度等级混凝土，矿物掺合料掺量增加会使水胶比相应减小，如果取用水量不变，按公式（6.1.7-1）计算的胶凝材料用量也会增加，并可能不是最节约的胶凝材料用量，因此，公式（6.1.7-1）计算结果仅仅为计算的胶凝材料用量，实际采用的胶凝材料用量还须在试配阶段进行调整，经过试拌选取一个满足拌合物性能要求的、较节约的胶凝材料用量。具体操作可见于6.1.9一节。

6.1.8　砂率及粗细骨料用量

　　1. 砂率（β_s）应根据骨料的技术指标、混凝土拌合物性能和施工要求，参考既有历史资料确定；当缺乏砂率的历史资料时，混凝土砂率的确定应满足下列要求：

　　（1）坍落度小于10mm的混凝土，其砂率应经试验确定；

　　（2）坍落度为10~60mm的混凝土，其砂率可根据粗骨料品种、最大公称粒径及水胶比按表6.1.8选取；

　　（3）坍落度大于60mm的混凝土，其砂率可经试验确定，也可在表6.1.8的基础上，按坍落度每增大20mm、砂率增大1%的幅度予以调整。

水胶比	卵石最大公称粒径（mm）			碎石最大粒径（mm）		
	10.0	20.0	40.0	16.0	20.0	40.0
0.40	26～32	25～31	24～30	30～35	29～34	27～32
0.50	30～35	29～34	28～33	33～38	32～37	30～35
0.60	33～38	32～37	31～36	36～41	35～40	33～38
0.70	36～41	35～40	34～39	39～44	38～43	36～41

　　注：本表数值系中砂的选用砂率，对细砂或粗砂，可相应地减少或增大砂率；采用人工砂配制混凝土时，砂率可适当增大。

　　2. 粗、细骨料用量

　　(1) 当采用质量法计算混凝土配合比时，粗、细骨料用量应按式（6.1.8-1）计算；砂率应按式（6.1.8-2）计算：

$$m_{f0} + m_{c0} + m_{g0} + m_{s0} + m_{w0} = m_{cp} \tag{6.1.8-1}$$

$$\beta_s = \frac{m_{s0}}{m_{g0} + m_{s0}} \times 100\% \tag{6.1.8-2}$$

式中　m_{g0}——计算配合比每立方米混凝土的粗骨料用量（kg/m³）；

　　　　m_{s0}——计算配合比每立方米混凝土的细骨料用量（kg/m³）；

　　　　β_s——砂率（%）；

　　　　m_{cp}——每立方米混凝土拌合物的假定质量（kg），可取 2350～2450kg/m³。

　　(2) 当采用体积法计算混凝土配合比时，砂率应按公式（6.1.8-2）计算，粗、细骨料用量应按公式（6.1.8-3）计算：

$$\frac{m_{c0}}{\rho_c} + \frac{m_{f0}}{\rho_f} + \frac{m_{g0}}{\rho_g} + \frac{m_{s0}}{\rho_s} + \frac{m_{w0}}{\rho_w} + 0.01\alpha = 1 \tag{6.1.8-3}$$

式中　ρ_c——水泥密度（kg/m³），可按现行国家标准《水泥密度测定方法》GB/T 208 测定，也可取 2900～3100kg/m³；

　　　　ρ_f——矿物掺合料密度（kg/m³），可按现行国家标准《水泥密度测定方法》GB/T 208 测定；

　　　　ρ_g——粗骨料的表观密度（kg/m³），应按现行行业标准《普通混凝土用砂、石质量及检验方法标准》JGJ 52 测定；

　　　　ρ_s——细骨料的表观密度（kg/m³），应按现行行业标准《普通混凝土用砂、石质量及检验方法标准》JGJ 52 测定；

　　　　ρ_w——水的密度（kg/m³），可取 1000kg/m³；

　　　　α——混凝土的含气量百分数，在不使用引气剂或引气型外加剂时，α 可取 1。

【讲解说明】

　　在骨料用量已定的情况下，砂率大小决定了用砂量的多少，而用砂量应能有效填充粗骨料间的空隙并起到"润滑"粗骨料的作用。骨料粒径、水胶比不同，则需要的用砂量是不同的，因而对应的砂率也不同。表 6.1.8 对砂率的取值具有指导性，经实际应用，证明基本符合实际。砂率对混凝土拌合物性能影响较大，可调整范围略宽，因此，按本节选取的砂率仅是初步的，需要在试配过程中调整并确定合理的砂率。具体操作可见于 6.1.9

一节。

在实际工程中，混凝土配合比设计通常采用质量法计算骨料用量。混凝土配合比设计也允许采用体积法计算骨料用量，可视具体技术需要选用。与质量法比较，体积法需要测定水泥和矿物掺合料的密度以及骨料的表观密度等，对技术条件要求略高。

6.1.9 配合比试配与优化

1. 试验要求

（1）混凝土试配应采用强制式搅拌机进行搅拌，并应符合现行行业标准《混凝土试验用搅拌机》JG 244 的规定，搅拌方法宜与施工采用的方法相同。

（2）试验室成型条件应符合现行国家标准《普通混凝土拌合物性能试验方法标准》GB/T 50080 的规定。

（3）每盘混凝土试配的最小搅拌量应符合表 6.1.9 的规定，并不应小于搅拌机公称容量的 1/4 且不应大于搅拌机公称容量。

混凝土试配的最小搅拌量 表 6.1.9

粗骨料最大公称粒径（mm）	拌合物数量（L）
31.5	20
40.0	25

（4）混凝土配合比设计应采用工程实际使用的原材料；配合比设计所采用的细骨料含水率应小于 0.5%，粗骨料含水率应小于 0.2%。

2. 试拌调整拌合物性能，优化外加剂、砂率和胶凝材料用量

试拌按以下步骤进行试拌：

（1）先按计算配合比进行称量，留出部分外加剂，将全部原材料倒入搅拌机进行搅拌；

（2）逐步加入留出的外加剂，需要的话还可适当补充，将外加剂用量调整适度；

（3）将混凝土拌合物卸出搅拌机，看混凝土拌合物流动性与工作性是否好，如果不好，可适当增加浆体，即维持水胶比不变，同时增加水和胶凝材料，使凝土拌合物达到流动性与工作性要求；如果非常好，则可在满足拌合物流动性与工作性要求的前提下适当减少浆体，即维持水胶比不变，同时减少水和胶凝材料；

（4）在计算配合比砂率基础上，再分别增加和减少砂率，可共选 3～5 个砂率进行试拌，取拌合物流动性与工作性最好的砂率为后续试验砂率；

（5）修正计算配合比，提出试拌配合比。

3. 试验选定配制强度，优化调整配合比

（1）应采用三个不同的配合比，其中一个应为上述确定的试拌配合比，另外两个配合比的水胶比宜较试拌配合比分别增加和减少 0.05，用水量应与试拌配合比相同，砂率可分别增加和减少 1%。

（2）进行混凝土强度试验，每个配合比应至少制作一组试件，并标准养护到 28d 或设计规定龄期时试压。

（3）根据强度试验结果，绘制强度和胶水比的线性关系图，选定略大于配制强度对应的胶水比，转换为水胶比，并在此基础上，维持用水量（m_w）不变，重新算出相应的胶

凝材料（m_b）、矿物掺合料（m_f）和水泥用量（m_c），以及粗骨料和细骨料用量（m_g 和 m_s）。

（4）在试拌配合比的基础上，用水量（m_w）和外加剂用量（m_a）应根据确定的水胶比做调整。

4. 配合比校正

（1）首先按下式计算混凝土拌合物的表观密度：

$$\rho_{c,c} = m_c + m_f + m_g + m_s + m_w \tag{6.1.9-1}$$

式中　$\rho_{c,c}$——混凝土拌合物的表观密度计算值（kg/m³）；

　　　m_c——每立方米混凝土的水泥用量（kg/m³）；

　　　m_f——每立方米混凝土的矿物掺合料用量（kg/m³）；

　　　m_g——每立方米混凝土的粗骨料用量（kg/m³）；

　　　m_s——每立方米混凝土的细骨料用量（kg/m³）；

　　　m_w——每立方米混凝土的用水量（kg/m³）。

（2）混凝土配合比校正系数应按下式计算：

$$\delta = \frac{\rho_{c,t}}{\rho_{c,c}} \tag{6.1.9-2}$$

式中　δ——混凝土配合比校正系数；

　　　$\rho_{c,t}$——混凝土拌合物的表观密度实测值（kg/m³）。

（3）将配合比中每项材料用量均乘以校正系数（δ）。

5. 试验验证耐久性能

（1）测定拌合物水溶性氯离子含量，试验结果应符合本《指南》表 6.1.3-1 的要求。

（2）对设计要求的混凝土耐久性能进行验证试验，试验结果应满足设计要求。

【讲解说明】

试配第一步是试拌，试拌的目的有两个：一个是使拌合物性能满足施工要求，另一个是优化外加剂、砂率和胶凝材料用量，主要是优化胶凝材料用量。在试拌调整过程中，保持计算水胶比不变，即如果增加或减少浆体量，则按比例同时增加或减少用水量和胶凝材料用量。尽量采用较少的胶凝材料用量，以节约胶凝材料为原则，并通过调整外加剂用量和砂率，使混凝土拌合物坍落度和和易性等性能满足施工要求，提出试拌配合比。

试配第二步是在试拌配合比的基础上进行混凝土强度试验。无论是计算配合比还是试拌配合比，都不能保证混凝土配制强度是否满足要求，混凝土强度试验的目的是通过三个不同水胶比的配合比的比较，取得能够满足配制强度要求的、胶凝材料用量经济合理的配合比。由于混凝土强度试验是在混凝土拌合物调整适宜后进行，所以强度试验采用三个不同水胶比的配合比的混凝土拌合物性能应维持不变，即维持水量不变，增加和减少胶凝材料用量，并相应减少和增加砂率，外加剂掺量也做减少和增加的微调。在没有特殊规定的情况下，混凝土强度试件在28d龄期进行抗压试验；当工程设计方同意采用60d或90d等其他龄期的设计强度时，混凝土强度试件在相应的龄期进行抗压试验，应注意：不应绕过工程设计方擅自做主。

试配第三步是调整配合比。首先依据试配第二步的3个水胶比混凝土强度试验结果绘制强度和胶水比关系图，或采用插值法，选用略大于配制强度的偏于安全的强度对应的胶水比做进一步配合比调整。也可以直接采用前述 3 个水胶比混凝土强度试验中一个满足配制强度的胶水比做进一步配合比调整。然后采用调方公式（6.1.9-2）调整每立方米混凝土中各种材料的用量，在配合比计算、混凝土试配和配合比调整过程中，每立方米混凝土的各种材料混成的混凝土可能不足或超过 1m³，即通常所说的亏方或盈方，通过调方公式（6.1.9-2）计算校正，可使依据配合比计算的混凝土生产方量更为准确。

试配第四步是进行验证试验，主要是试验验证混凝土耐久性是否符合设计要求，例如设计规定的混凝土氯离子含量、抗水渗透、抗氯离子渗透、抗冻、抗碳化和抗硫酸盐侵蚀等耐久性能要求。除混凝土氯离子含量外，对于设计文件中没有规定要求的混凝土耐久性能，可以不做验证。

6.2 特制品高性能混凝土配合比设计

6.2.1 轻骨料高性能混凝土配合比设计

1. 一般要求

轻骨料高性能混凝土的配合比设计主要应满足抗压强度和表观密度要求，尚应满足工程对高性能混凝土性能（如拌合物性能、弹性模量、耐久性能、收缩和徐变等）的特殊要求。

泵送轻骨料高性能混凝土的胶凝材料用量不宜少于 350kg/m³。

轻骨料高性能混凝土配合比中的轻粗骨料应采用同一品种的轻骨料。为改善某些性能而掺入另一品种粗骨料时，其掺量应通过试验确定。

掺加化学外加剂或矿物掺合料时应满足以下要求：

（1）外加剂品种和掺量应通过试验确定；

（2）矿物掺合料品种和掺量应通过试验确定。

2. 配制强度的确定

轻骨料混凝土试配强度应按下列公式确定：

$$f_{cu,0} \geqslant f_{cu,k} + 1.645\sigma \tag{6.2.1-1}$$

式中 $f_{cu,0}$——轻骨料混凝土配制强度（MPa）；

$f_{cu,k}$——轻骨料混凝土立方体抗压强度标准值，这里取混凝土的设计强度等级值（MPa）；

σ——轻骨料混凝土强度标准差（MPa）。

混凝土强度标准差应根据同品种、同强度等级轻骨料混凝土统计资料计算确定，强度试件组数不应少于 30 组。

当无统计资料时，强度标准差可按表 6.2.1-1 取值。

σ 取值表

表 6.2.1-1

混凝土强度等级	LC25～LC35	高于 LC35
σ（MPa）	5.0	6.0

3. 轻骨料高性能混凝土耐久性能的配合比设计控制目标及要求

可参照本《指南》6.1.3 节的要求。

4. 配合比设计参数选择

(1) 轻骨料高性能混凝土的胶凝材料用量可参照表 6.2.1-2 选用。

轻骨料高性能混凝土的胶凝材料用量（kg/m³）　　　　表 6.2.1-2

试配强度（MPa）	轻骨料密度等级				
	600	700	800	900	1000
20～25	350～500	330～400	320～390	310～380	300～370
25～30	—	380～450	360～430	360～430	350～420
30～40	—	420～500	390～490	380～480	370～470
40～50	—	—	430～530	420～520	410～510
50～60	—	—	450～550	440～540	430～530

注：① 水泥以普通硅酸盐水泥为基准；
　　② 最高胶凝材料用量不宜超过 550kg/m³。

(2) 轻骨料高性能混凝土最大水胶比不宜大于 0.48，配合比中水胶比以净水胶比表示。

(3) 轻骨料高性能混凝土的净用水量系不包括轻骨料吸入水量的混凝土用水量。净用水量可参照表 6.2.1-3 选用，并按施工要求经试验调整确定。

轻骨料高性能混凝土的净用水量　　　　表 6.2.1-3

施工条件	坍落度（mm）	净用水量（kg/m³）
机械振捣	50～100	180～225
人工振捣或钢筋密集	≥80	200～230

注：① 表中值适用于圆球型轻粗骨料，对于碎石型轻粗骨料，用水量需比表中值增加约 10kg/m³；
　　② 掺加外加剂时，用水量可视外加剂减水率情况相应减少；
　　③ 对于泵送轻骨料高性能混凝土，用水量应结合外加剂情况，按拌合物要求经试验调整。

(4) 轻骨料高性能混凝土的砂率以体积砂率表示，即细骨料体积与粗细骨料总体积之比。采用绝对体积法计算时，砂率即为绝对体积砂率；采用松散体积法计算时，砂率即为松散体积砂率。砂率可按表 6.2.1-4 选用。

轻骨料高性能混凝土的砂率　　　　表 6.2.1-4

轻骨料混凝土用途	细骨料品种	砂率（％）
预制构件	轻砂	35～50
	普通砂	30～40
现浇混凝土	轻砂	—
	普通砂	35～45

注：① 当混合使用普通砂和轻砂作细骨料时，宜取中间值，并按普通砂和轻砂的混合比例进行插入计算；
　　② 采用圆球型轻粗骨料时，宜取砂率范围下限，采用碎石型时，宜取上限。

(5) 当采用松散体积法设计配合比时，粗细骨料松散状态的总体积可按表 6.2.1-5 选用。

粗细骨料总体积

表 6. 2. 1-5

轻粗骨料粒型	细骨料品种	粗细骨料总体积（m³）
圆球型	轻砂	1. 25～1. 50
	普通砂	1. 10～1. 40
普通型	轻砂	1. 30～1. 60
	普通砂	1. 15～1. 50
碎石型	轻砂	1. 35～1. 65
	普通砂	1. 15～1. 60

注：① 当采用膨胀珍珠岩砂时，宜取总体积上限；
　　②混凝土强度等级较高时，宜取总体积下限。

5. 配合比计算

砂轻混凝土和全轻混凝土宜采用松散体积法进行配合比计算，砂轻混凝土也可采用绝对体积法。配合比计算中粗细骨料用量均以干燥状态为基准。

（1）松散体积法计算步骤如下：

① 根据设计要求的轻骨料混凝土的强度等级、混凝土的用途，确定粗细骨料的种类和粗骨料的最大粒径；

② 测定粗骨料的堆积密度、筒压强度和 1h 吸水率，并测定细骨料的堆积密度；

③ 按公式（6.2.1-1）计算混凝土试配强度；

④ 按表 6.2.1-2 选择胶凝材料用量；

⑤ 按表 6.2.1-3 选择净用水量；

⑥ 按表 6.2.1-4 选取松散体积砂率；

⑦ 按表 6.2.1-5 选用粗细骨料总体积，并按公式（6.2.1-2）～公式（6.2.1-5）计算每立方米混凝土的粗细骨料用量：

$$V_s = V_t \times S_p \tag{6.2.1-2}$$

$$m_s = V_s \times \rho_{ls} \tag{6.2.1-3}$$

$$V_a = V_t - V_s \tag{6.2.1-4}$$

$$m_a = V_a \times \rho_{la} \tag{6.2.1-5}$$

式中　V_s、V_a、V_t——分别为细骨料、粗骨料和粗细骨料的松散体积（m³）；

　　　　m_s、m_a——分别为细骨料和粗骨料的用量（kg）；

　　　　S_p——松散体积砂率（%）；

　　　　ρ_{ls}、ρ_{la}——分别为细骨料和粗骨料的堆积密度（kg/m³）。

（2）绝对体积法计算步骤如下：

①～⑤步骤与松散体积法相同；

⑥ 按表 6.2.1-4 选取绝对体积砂率；

⑦ 按公式（6.2.1-6）～公式（6.2.1-9）计算粗细骨料的用量：

$$V_s = \left[1 - \left(\frac{m_b}{\rho_b} + \frac{m_{wn}}{\rho_w} \right) \div 1000 \right] \times S_p \tag{6.2.1-6}$$

$$m_s = V_s \times \rho_s \tag{6.2.1-7}$$

$$V_a = \left[1 - \left(\frac{m_b}{\rho_b} + \frac{m_{wn}}{\rho_w} + \frac{m_s}{\rho_s} \right) \div 1000 \right] \tag{6.2.1-8}$$

$$m_a = V_a \times \rho_{ap} \tag{6.2.1-9}$$

式中 V_s——每立方米混凝土的细骨料绝对体积（m^3）；

$\quad\quad m_s$——每立方米混凝土的细骨料用量（kg）；

$\quad\quad m_b$——每立方米混凝土的胶凝材料用量（kg）；

$\quad\quad m_{wn}$——每立方米混凝土的净用水量（kg）；

$\quad\quad S_p$——绝对体积砂率（%）；

$\quad\quad V_a$——每立方米混凝土的轻粗骨料绝对体积（m^3）；

$\quad\quad m_a$——每立方米混凝土的轻粗骨料用量（kg）；

$\quad\quad \rho_b$——胶凝材料的密度，宜实测；

$\quad\quad \rho_w$——水的密度，可取 $\rho_w = 1.0$；

$\quad\quad \rho_s$——细骨料的密度，采用普通砂时，为砂的密度，可取 $\rho_s = 2.6$；采用轻砂时，为实测的轻砂颗粒表观密度（ρ_s 单位为：g/cm^3）；

$\quad\quad \rho_{ap}$——轻粗骨料的颗粒表观密度（kg/m^3）。

（3）验证干表观密度：

按公式（6.2.1-10）计算混凝土干表观密度（ρ_{cd}），然后与设计要求的干表观密度进行对比，如其误差大于 2%，则应重新计算配合比。

$$\rho_{cd} = 1.15 m_b + m_a + m_s \tag{6.2.1-10}$$

6. 配合比试配与调整

配合比试配与调整应按下列步骤进行：

（1）试拌

调整拌合物性能，优化外加剂、砂率和胶凝材料用量可参照 6.1.9 第 2 条执行。

（2）强度和干表观密度试验

① 以计算的混凝土配合比为基础，再选取与之相差 ±10% 的相邻两个胶凝材料用量，用水量不变，砂率相应适当增减，分别按三个配合比拌制混凝土拌合物，检验混凝土拌合物稠度和振实的混凝土拌合物湿表观密度，在符合要求的情况下，制作混凝土抗压强度试件，每种配合比至少制作一组。

② 混凝土抗压强度试件标准养护 28d 后，测定混凝土抗压强度和干表观密度。最后，以既能达到设计要求的混凝土配制强度和干表观密度又具有合理胶凝材料用量的配合比作为选定配合比。

（3）配合比校正

① 对选定配合比进行校正。先按公式（6.2.1-11）计算出轻骨料混凝土的计算湿表观密度（ρ_{cc}），然后再与拌合物的实测振实湿表观密度（ρ_{co}）相比，按公式（6.2.1-12）计算校正系数（η）。

$$\rho_{cc} = m_a + m_s + m_b + m_{wt} \tag{6.2.1-11}$$

$$\eta = \frac{\rho_{co}}{\rho_{cc}} \tag{6.2.1-12}$$

式中 ρ_{cc}——按配合比计算的混凝土拌合物湿表观密度（kg/m^3）；

$\quad\quad \rho_{co}$——实测振实的混凝土拌合物湿表观密度（kg/m^3）；

$\quad\quad m_{wt}$——总用水量（kg/m^3），即净用水量加上轻骨料吸入的水量；轻骨料吸入的水量可通过充分预湿所需时间的吸水率计算求得。

② 选定配合比的各项材料用量均乘以校正系数即为最终的设计配合比。

7. 性能验证试验

对设计要求的轻骨料高性能混凝土弹性模量、耐久性能、收缩和徐变等性能进行验证试验，试验结果应满足工程设计要求。

【讲解说明】

轻骨料高性能混凝土与常规高性能混凝土不同的是，除抗压强度应满足设计要求外，表观密度也应满足要求。在某些情况下，如在高层、大跨等承载结构上，还应满足对弹性模量、收缩和徐变等的要求。

轻骨料高性能混凝土的配合比应通过计算和试配确定。和普通混凝土一样，试配强度应具有95%的保证率。

因为轻骨料混凝土配合比设计依靠经验较多，所以胶凝材料用量、用水量、砂率等是选用有关经验参数经试验确定。

轻骨料混凝土砂率与普通混凝土的不同点是采用体积砂率，即细骨料体积与粗细骨料总体积之比。体积可采用松散体积或绝对体积表示。其对应的砂率为松散体积砂率或绝对体积砂率。配合比设计方法不同，采用砂率的涵义也不同：采用松散体积法设计配合比采用松散体积砂率；用绝对体积法设计时，则采用绝对体积砂率。

松散体积法是以给定每立方米混凝土的粗细骨料松散总体积为基础进行计算，然后按设计要求的混凝土干表观密度为依据进行校核，最后通过试验调整出配合比。松散体积法既适用于全轻混凝土，也适用于砂轻混凝土。

松散体积法基于试验和应用经验，也包括了积累经验过程中绝对体积法在初步计算方面的应用结果，因此，可以在既有配合比经验平台上，在合理范围内查取计算参数，直接经试验调整确定配合比，相对较为简明，便于理解和应用，特别适用于在施工中及时、快速地调整配合比，试验和工程证明，其准确性和可靠性也是有保证的。

绝对体积法是按每立方米混凝土的绝对体积为各组成材料的绝对体积之和进行计算。绝对体积法概念清楚，便于初学者使用。由于在绝对体积法的计算过程中，有关材料的计算参数，需要经专门试验加以确定，而轻骨料和砂等有关材料匀质性不理想，试验确定的参数代表性并不好，再者，实际工程中，时常由于缺乏试验条件，或为了节省时间，往往直接采用经验取值作为计算参数，所以计算偏差较大，最终还是靠试验修正。

6.2.2 高强高性能混凝土配合比设计

1. 配制强度的确定

当设计强度等级不小于C60时，配制强度应按下式确定：

$$f_{cu,0} \geqslant 1.15 f_{cu,k} \tag{6.2.2}$$

式中 $f_{cu,0}$ ——混凝土配制强度（MPa）；

$f_{cu,k}$ ——混凝土立方体抗压强度标准值，这里取混凝土的设计强度等级值（MPa）。

2. 混凝土耐久性能的配合比设计控制目标及要求

可参照本《指南》6.1.3节的要求。

3. 配合比要求

（1）水胶比、胶凝材料用量和砂率可按表6.2.2选取；胶凝材料和骨料计算分别应符合 6.1.7 节和 6.1.8 节的要求；配合比应经试配确定。

高强高性能混凝土的水胶比、胶凝材料用量和砂率   表 6.2.2

强度等级	水胶比	胶凝材料用量（kg/m³）	砂率（%）
≥C60，<C80	0.28～0.34	480～560	
≥C80，<C100	0.26～0.28	520～580	35～42
C100	0.24～0.26	550～600	

（2）外加剂和矿物掺合料的品种、掺量，应通过试配确定；矿物掺合料掺量宜为 25%～40%；硅灰掺量不宜大于 10%。

（3）对于有预防混凝土碱骨料反应设计要求的工程，高强混凝土中最大碱含量不应大于 3.0kg/m³；粉煤灰的碱含量可取实测值的 1/6，粒化高炉矿渣粉和硅灰的碱含量可分别取实测值的 1/2。

（4）配合比试配与优化可参照本《指南》6.1.9 节执行，其中不同的是强度试验采用的三个不同配合比，其中一个为试拌配合比，另外两个配合比的水胶比宜较试拌配合比分别增加和减少 0.02，而不是 0.05。进行混凝土拌合物性能、力学性能和耐久性能试验，试验结果应满足设计和施工的要求。

（5）大体积高强混凝土配合比试配和调整时，宜控制混凝土绝热温升不大于 50℃。

（6）高强高性能混凝土设计配合比应在生产和施工前进行适应性调整，应以调整后的配合比作为施工配合比。

（7）高强高性能混凝土生产过程中，应及时测定粗、细骨料的含水率，并应根据其变化情况及时调整称量。

【讲解说明】

对于高强高性能混凝土配制强度计算公式，早已经在公路桥涵和建筑工程等混凝土工程中得到应用和检验。

高强高性能混凝土配合比参数变化范围相对比较小，适合于根据经验直接选择参数然后通过试验确定配合比。试验研究和工程应用表明，《指南》中给出的配合比参数范围对高强混凝土配合比设计具有实际应用的指导意义。对于泵送高强高性能混凝土，为保证泵送施工顺利，推荐控制每立方米高强高性能混凝土拌合物中净浆的浆体量为 330～360L（水泥、粉煤灰、粒化高炉矿渣粉、硅灰和水等密度基本已知，容易估算出净浆的浆体量），这也有利于配合比参数的优选。对于高强高性能混凝土，较高强度等级水胶比较低，在满足混凝土拌合物施工性能要求前提下宜采用较少的胶凝材料用量和较小的砂率，矿物掺合料掺量应满足高强高性能混凝土性能要求并兼顾经济性，这些规律与常规混凝土配合比设计规律没有太大差别。

对于高强高性能混凝土，要将混凝土中碱含量控制在 3.0kg/m³ 以内，需要采用低碱水泥，并采用较大掺量的碱含量较低的粉煤灰和粒化高炉矿渣粉等矿物掺合料。混凝土中碱含量是测定的混凝土各原材料碱含量计算之和，而实测的粉煤灰和粒化高炉矿渣粉等矿物掺合料碱含量并不是参与碱骨料反应的有效碱含量，对于矿物掺合料中有效碱含量，粉煤灰碱含量取实测值的 1/6，粒化高炉矿渣粉和硅灰的碱含量分别取实测值的 1/2，已经被混凝土工程界采纳。

高强高性能混凝土配合比设计不仅仅应满足强度要求，还应满足施工性能、其他力学性能和耐久性能的要求。

混凝土绝热温升可以在试验室通过测试绝热容器中混凝土的温度升高过程测得，也可在现场通过实测足尺寸混凝土模拟试件内的温度升高过程测得。

在高强高性能混凝土生产过程中，堆场上的粗、细骨料的含水率会变化，从而影响高强混凝土的水胶比和用水量等，因此，在生产过程中，应根据粗、细骨料的含水率变化情况及时调整称量，例如：骨料含水增加了骨料的称量，则用水量中就应减去骨料含水的称量，但配合比未变。

6.2.3 自密实高性能混凝土配合比设计

1. 配制强度的确定

当混凝土的设计强度等级小于 C60 时，配制强度应按下式确定：

$$f_{cu,0} \geqslant f_{cu,k} + 1.645\sigma \tag{6.2.3-1}$$

式中　$f_{cu,0}$——混凝土配制强度（MPa）；

$f_{cu,k}$——混凝土立方体抗压强度标准值，这里取混凝土的设计强度等级值（MPa）；

σ——混凝土强度标准差（MPa），可按表 6.2.3 取值。

σ 取值表　　　　　　　　　　　　　　　　表 6.2.3

混凝土强度标准值	C30～C45	C50～C55
σ（MPa）	5.0	6.0

当设计强度等级不小于 C60 时，配制强度应按下式确定：

$$f_{cu,0} \geqslant 1.15 f_{cu,k} \tag{6.2.3-2}$$

2. 混凝土耐久性能的配合比设计控制目标及要求

可参照本《指南》6.1.3 节的要求。

3. 配合比要求

（1）矿物掺合料掺量不宜小于 25%，具体要求及确定可参照 6.1.4 节执行，但应考虑采用适量石灰石粉取代部分其他矿物掺合料，取代量应经试验确定。

（2）水胶比计算可按参照本《指南》6.1.4 节执行，水胶比不宜大于 0.45；计算水胶比后，验算水粉比——水体积与粉料体积之比，水粉比范围宜为 0.8～1.15。水粉比＝水胶比×粉体密度，粉体密度可按下式计算：

$$\rho_b = \cfrac{1}{\cfrac{\beta}{\rho_m} + \cfrac{(1-\beta)}{\rho_c}} \tag{6.2.3-3}$$

式中　ρ_m——矿物掺合料的表观密度（kg/m³）；

ρ_c——水泥的表观密度（kg/m³）；

β——矿物掺合料掺量（%）；当采用两种或两种以上矿物掺合料时，可以 β_1、β_2、β_3 表示，并进行相应计算。

如果不在上述水粉比范围，可以调整：减或增矿物掺合料掺量（改变粉体密度），同时增或减水胶比，以维持力学性能不变。

（3）用水量和外加剂用量计算可按本《指南》6.1.6 节执行，胶凝材料用量、矿物掺合料用量和水泥用量计算可按本《指南》6.1.7 节执行。然后将计算结果的浆体量放大到 350～380L 范围内，即维持水胶比不变，按相同比例同时增加水和胶凝材料。胶凝材料用量不应大于 580kg/m³。

（4）选取砂率并计算粗细骨料用量，砂率可在 0.47～0.51 范围内初选，粗细骨料用量计算可按本《指南》6.1.8 节执行。

（5）配合比试配与优化可参照本《指南》6.1.9 节执行。自密实高性能混凝土拌合物应满足流动性（扩展度试验）、黏性（T50 时间或 V 漏斗排空时间试验）、间隙通过性（J 环试验或 U 型箱试验）、抗离析性（筛析试验）等设计指标要求；混凝土其他性能应满足工程设计要求。

（6）对于钢管自密实高性能混凝土，应采取减少收缩的措施。

【讲解说明】

用于自密实高性能混凝土的矿物掺合料宜包括需水量比小、滚珠效应好的粉煤灰以及可降低黏性的石灰石粉等，同时采用高性能减水剂。另有，水泥宜需水量小，骨料最大粒径不宜大于 20mm 且粒型良好。总之，原材料选择应有利于自密实混凝土的流动性、低黏性、间隙通过性和抗离析性等技术要求。

自密实高性能混凝土配合比的特点是浆体量和砂率（用砂量）高于普通混凝土，相关参数主要源于实践和经验。较高的砂率有利于骨料间相互运动，而用砂量的提高则需要浆体的相应增加，在不离析的前提下，较多的浆体有利于混凝土拌合物的流动。

混凝土浆体的水胶比为质量比，影响硬化混凝土的性能，而水粉比是体积比，对自密实高性能混凝土拌合物的工作性具有重要意义，就这一点，较普通混凝土要求复杂一些。

自密高性能实混凝土配合比设计也非常重视试配，由于相关参数主要源于实践和经验，因此，试配就成为关键的环节。相关经验参数仅提供一个比较合理的试验范围，而通过试配调整混凝土拌合物，才能确定满足自密实混凝土的流动性、低黏性、间隙通过性和抗离析性等技术要求的配合比。

自密实高性能混凝土配合比设计也可以采用现行行业标准《自密实混凝土应用技术规程》JGJ/T 283 中的设计方法。

6.2.4 纤维高性能混凝土配合比设计

1. 一般要求

（1）纤维高性能混凝土配合比设计应满足混凝土试配强度的要求，并应满足混凝土拌合物性能、力学性能和耐久性能的设计要求。

（2）纤维高性能混凝土的最大水胶比不宜大于 0.45。钢纤维高性能混凝土胶凝材料用量不宜小于 360kg/m³，喷射钢纤维高性能混凝土的胶凝材料用量不宜小于 380kg/m³；合成纤维高性能混凝土胶凝材料用量不宜小于 340kg/m³。

（3）用于公路路面的钢纤维高性能混凝土的配合比设计应符合现行行业标准《公路水泥混凝土路面施工技术规范》JTG F30 的规定。

2. 配制强度的确定

当设计强度等级小于 C60 时，配制强度应符合下列规定：

$$f_{cu,0} \geqslant f_{cu,k} + 1.645\sigma \tag{6.2.4-1}$$

式中　$f_{cu,0}$——纤维混凝土的配制强度（MPa）；

$f_{cu,k}$——纤维混凝土立方体抗压强度标准值（MPa）；

σ——纤维混凝土的强度标准差（MPa）。

当设计强度等级大于或等于 C60 时，配制强度应符合下列规定：

$$f_{cu,0} \geqslant 1.15 f_{cu,k} \qquad (6.2.4-2)$$

强度标准差的取值应符合表 6.2.4-1 的规定。

σ 取值表　　　　　　　　　　　　　　表 6.2.4-1

混凝土强度标准值	C30～C45	C50～C55
σ（MPa）	5.0	6.0

3. 混凝土耐久性能的配合比设计控制目标及要求

可参照本《指南》6.1.3 节的要求。

4. 配合比计算

（1）掺加纤维前的混凝土配合比计算应符合本《指南》6.1 节的要求。

（2）配合比中的每立方米混凝土纤维用量应按质量计算；在设计参数选择时，可用纤维体积率表达。

（3）钢纤维高性能混凝土中的纤维体积率不宜小于 0.35%，当采用抗拉强度不低于 1000MPa 的高强异形钢纤维时，钢纤维体积率不宜小于 0.25%；钢纤高性能维混凝土的纤维体积率范围宜符合表 6.2.4-2 的规定。

钢纤维高性能混凝土的纤维体积率范围　　　　　表 6.2.4-2

工程类型	使用目的	体积率（%）
工业建筑地面	防裂、耐磨、提高整体性	0.35～1.00
薄型屋面板	防裂、提高整体性	0.75～1.50
局部增强预制桩	增强、抗冲击	≥0.50
桩基承台	增强、抗冲切	0.50～2.00
桥梁结构构件	增强	≥1.00
公路路面	防裂、耐磨、防重载	0.35～1.00
机场道面	防裂、耐磨、抗冲击	1.00～1.50
港区道路和堆场铺面	防裂、耐磨、防重载	0.50～1.20
水工混凝土结构	高应力区局部增强	≥1.00
	抗冲磨、防空蚀区增强	≥0.50
喷射混凝土	支护、砌衬、修复和补强	0.35～1.00

（4）合成纤维高性能混凝土的纤维体积率范围宜符合表 6.2.4-3 的规定。

合成纤维高性能混凝土的纤维体积率范围　　　表 6.2.4-3

使用部位	使用目的	体积率（%）
楼面板、剪力墙、楼地面、建筑结构中的板壳结构、体育场看台	控制混凝土早期收缩裂缝	0.06～0.20
刚性防水屋面	控制混凝土早期收缩裂缝	0.10～0.30
机场跑道、公路路面、桥面板、工业地面	控制混凝土早期收缩裂缝	0.06～0.20
	改善混凝土抗冲击、抗疲劳性能	0.10～0.30

使用部位	使用目的	体积率（%）
水坝面板、储水池、水渠	控制混凝土早期收缩裂缝	0.06～0.20
	改善抗冲磨和抗冲蚀等性能	0.10～0.30
喷射混凝土	控制混凝土早期收缩裂缝、改善混凝土整体性	0.06～0.25

注：增韧用粗纤维的体积率可大于 0.5%，并不宜超过 1.5%；

（5）纤维最终掺量应经试验验证确定。

5. 配合比试配、调整与确定

（1）试拌，调整拌合物性能

① 对于钢纤维混凝土，应保持水胶比不降低，可适当提高砂率、用水量和外加剂用量；对于钢纤维长径比为 35～55 的钢纤维混凝土，钢纤维体积率增加 0.5% 时，砂率可增加 3%～5%，用水量可增加 4～7kg，胶凝材料用量应随用水量相应增加，外加剂用量应随胶凝材料用量相应增加，外加剂掺量也可适当提高；当钢纤维体积率较高或强度等级不低于 C50 时，其砂率和用水量等宜取给出范围的上限值。喷射钢纤维混凝土的砂率宜大于 50%。

② 对于合成纤维混凝土，纤维体积率掺量范围为 0.04%～0.10%，可按计算配合比进行试配和调整；当纤维体积率大于 0.10% 时，可适当提高外加剂用量或（和）胶凝材料用量，但水胶比不得降低。

③ 对于掺加增韧合成纤维的混凝土，配合比调整可按本节第①条钢纤维混凝土的试拌的相关要求进行，砂率和用水量等宜取给出范围的下限值。

（2）纤维混凝土配合比的试配与调整可参照本《指南》6.1.9 节执行的规定。

（3）调整后的纤维混凝土配合比应按下列方法进行校正：

① 纤维混凝土配合比校正系数应按下式计算：

$$\delta = \frac{\rho_{c,t}}{\rho_{c,c}} \qquad (6.2.4\text{-}3)$$

式中　δ——纤维混凝土配合比配合比校正系数；

　　　$\rho_{c,t}$——纤维混凝土拌合物的表观密度实测值（kg/m³）；

　　　$\rho_{c,c}$——纤维混凝土拌合物的表观密度计算值（kg/m³）。

② 调整后的配合比中每项原材料用量均应乘以校正系数（δ）。

（4）校正后的纤维混凝土配合比，应在满足混凝土拌合物性能要求和混凝土试配强度的基础上，对设计提出的混凝土耐久性项目进行检验和评定，符合要求的，可确定为设计配合比。

（5）纤维混凝土设计配合比确定后，应进行生产适应性调整，以调整后的配合比作为施工配合比。

【讲解说明】

纤维高性能混凝土配合比设计不仅应满足试配强度要求，同时也应满足施工要求和耐久性能要求。

纤维高性能混凝土的实际胶凝材料用量应以保证混凝土拌合物性能、力学性能和耐久性能为目的。喷射钢纤维高性能混凝土的胶凝材料用量不宜太少，否则施工性能不易保证，进而影响硬化混凝土性能。

掺加矿物掺合料和外加剂应以满足纤维高性能混凝土设计和施工要求为原则，掺量应经试验确定。公路路面钢纤维混凝土的配合比设计规定与普通混凝土不同，公路行业专有规定。

纤维高性能混凝土配制强度不仅应达到设计强度等级值，也应满足95%的保证率。对于纤维高强高性能混凝土，配制强度计算公式与高强高性能混凝土相同。

纤维高性能混凝土工程一般比较特殊，往往没有系统的强度统计资料，按表6.2.4-1中的混凝土强度标准差取值是偏于安全的。

纤维用量常用于纤维混凝土配合比，便于计量。纤维体积率是纤维混凝土中纤维含量的表示方法之一，常用于分析计算。在设计参数选择时，可采用纤维体积率。

不同工程钢纤维高性能混凝土情况差异较大，设计人员可根据不同工程钢纤维高性能混凝土的具体要求从表6.2.4-2中选用纤维体积率，最终确定采用的纤维体积率值应经试验验证。

设计人员可根据不同工程采用的合成纤维高性能混凝土要求从表6.2.4-3中选用纤维体积率，目前工程中，用于合成纤维高性能混凝土的纤维体积率绝大多数为0.06%～0.12%，主要用于控制混凝土早期收缩裂缝。最终确定采用的纤维体积率值应经试验验证。

常规高性能混凝土配合比的试配、调整与确定的规定也适用于纤维高性能混凝土。

先按常规高性能混凝土配合比设计计算未掺加纤维的常规高性能混凝土配合比，在此基础上掺入纤维进行试拌，使混凝土拌合物满足和易性和坍落度等性能要求。

试拌的主要原则是在水胶比不变条件下调整配合比，满足混凝土施工的和易性和坍落度要求。

配合比试配中的混凝土强度试验主要是为调整水胶比，获得合理的强度提供依据；配合比调整是在强度试验的基础上，确定合理的水胶比，进而调整每立方米纤维混凝土的各原材料用量。

在配合比试配过程中，由于在计算配合比基础上外掺了纤维，尤其是钢纤维的掺入，使每立方米混凝土的方量发生了变化，应经过调整使每立方米混凝土的方量准确。

对设计提出的纤维高性能混凝土耐久性能进行试验验证，也应成为纤维高性能混凝土配合比设计的重要内容。

采用设计配合比进行试生产并对配合比进行相应调整是确定施工配合比的重要环节。

第7章　生产与施工技术要求

7.1　生产设备设施要求

高性能混凝土生产设备主要包括搅拌站（楼）、装载机、搅拌运输车、除尘装置、洗车装置和砂石分离机，生产设施包括：封闭式骨料堆场、粉料仓、配料地仓和沉淀池等。生产设备应符合现行国家标准《混凝土搅拌站（楼）》GB/T 10171、《混凝土搅拌机》GB/T 9142 和现行行业标准《混凝土搅拌运输车》JG/T 5094 等的相应规定，并应满足绿色生产要求。

1. 技术要求

生产高性能混凝土时，宜选用技术先进、低噪声、低能耗、低排放的搅拌、运输和试验设备和设施，并符合下列要求：

(1) 搅拌站（楼）宜采用整体封闭方式。

(2) 搅拌站（楼）应安装除尘装置，并应保持正常使用。

(3) 搅拌站应建有生产废水收集和处置系统。

(4) 搅拌层和称量层宜设置水冲洗装置，冲洗产生的废水宜通过专用管道进入生产废水处置系统。

(5) 搅拌主机卸料口应设置防喷溅设施。装料区域的地面和墙壁应保持清洁卫生。

(6) 粉料仓应标识清晰并配备料位控制系统，料位控制系统应定期检查维护。

(7) 骨料堆场应符合下列规定。

① 应采用硬化地面并确保排水通畅；

② 粗、细骨料应分隔堆放，不得混杂；

③ 骨料堆场宜建成封闭式堆场，宜安装喷淋抑尘装置。

(8) 配料地仓宜与骨料仓一起封闭，配料用皮带输送机宜侧面封闭且上部加盖。

(9) 处理废弃新拌混凝土的设备设施应符合下列规定：

① 当废弃新拌混凝土用于成型小型预制构件时，应具有小型预制构件成型设备；

② 当采用砂石分离机处置废弃新拌混凝土时，砂石分离机应状态良好且运行正常；

③ 可配备压滤机等处理设备；

④ 废弃新拌混凝土处理过程中产生的废水和废浆应通过专用管道进入生产废水和废浆处置系统。

(10) 预拌混凝土生产企业应配备运输车清洗装置，冲洗产生的废水应通过专用管道进入生产废水处置系统。

(11) 搅拌站（楼）宜在皮带传输机、搅拌主机和卸料口等部位安装实时监控系统。

（12）生产用原材料计量应采用电子计量设备。计量设备应能连续计量不同混凝土配合比的各种原材料，并应具有逐盘记录和储存计量结果（数据）的功能，其精度应符合现行国家标准《混凝土搅拌站（楼）》GB/T 10171 的规定。计量设备应具有法定计量部门签发的有效的检定证书，并应定期校验。

2. 生产设备设施检验方法

（1）高性能混凝土搅拌站（楼）检验方法应符合现行国家标准《混凝土搅拌站（楼）》GB/T 10171 的规定。

（2）高性能混凝土搅拌运输车检验方法应符合现行行业标准《混凝土搅拌运输车》JG/T 5094 的规定。

（3）高性能混凝土生产用设备设施检验尚应符合现行行业标准《预拌混凝土绿色生产及管理技术规程》JGJ/T 328 的规定。

【讲解说明】

高性能混凝土生产设备设施包括搅拌站（楼）、装载机、运输车、砂石分离机、封闭式骨料堆场、粉料仓、配料地仓和沉淀池等。搅拌站（楼）是高性能混凝土生产的主要设备设施，通常包括搅拌站（楼）配套主机、供料系统、储料仓、配料装置、混凝土贮斗、电气系统、气路系统、液压系统、润滑系统等。混凝土搅拌运输车是将混凝土由生产企业运输到施工现场的主要工具，也是继续均匀搅拌并满足混凝土质量控制的关键手段。混凝土生产主要生产设备的相关标准有现行国家标准《混凝土搅拌站（楼）》GB/T 10171、《混凝土搅拌机》GB/T 9142 和现行行业标准《混凝土搅拌运输车》JG/T 5094，现行行业标准《预拌混凝土绿色生产及管理技术规程》JGJ/T 328 则对上述设备设施提出了环保要求。

本《指南》在高性能混凝土生产的设备设施方面，与现行国家标准《混凝土搅拌站（楼）》GB/T 10171、《混凝土搅拌机》GB/T 9142 和现行行业标准《混凝土搅拌运输车》JG/T 5094 中关于混凝土生产、运输方面的技术要求比较，主要有以下几点说明：

1. 突出绿色环保要求：①提出生产性粉尘控制要求及手段，要求搅拌站（楼）封闭，关键扬尘环节安装除尘装置，并保证其有效运行；②提出生产过程的噪声控制要求及手段，对于搅拌主机、装载机等，要求选用低噪声设备，必要时采用封闭方式进行降噪处理。

2. 提出节水设备设施要求及技术手段，包括搅拌层和称量层水冲洗、骨料堆场排水、砂石分离机排水和洗车用水等各类生产废水的回收及利用；因地制宜地配备砂石分离机或压滤机等。

3. 提高质量管理控制水平，其中：粉料仓标识并配备料位控制系统；安装实时监控系统；采用电子计量设备等。

上述做法，突出了高性能混凝土生产与普通混凝土在生产方面存在的较大区别，也具体体现了高性能混凝土的绿色生产特点。

以上海城建物资有限公司和重庆建工新型建材有限公司的高性能混凝土生产为例，它们均采用了封闭式皮带输送机和搅拌楼，在计量和搅拌环节均安装除尘装置，前者采用高塔式骨料仓并配备砂石分离机，后者采用封闭式骨料堆场并配备压滤机，尽管生产设备配备存在差异，但是所有生产设备设施均能满足生产和质量控制要求。

7.2 绿色生产要求

7.2.1 生产性粉尘控制

高性能混凝土生产过程中应对生产性粉尘进行控制。生产性粉尘是指混凝土生产过程中产生的总悬浮颗粒物、可吸入颗粒物和细颗粒物的总称。混凝土搅拌站（楼）生产性粉尘来源主要包括：原材料运输过程产生扬尘；生产时在粉料筒仓顶部、粉料贮料斗、搅拌机进料口部位产生的粉尘；砂石装卸作业产生的粉尘等。

1. 技术要求

（1）厂界粉尘控制

搅拌站（楼）厂界环境空气功能区类别划分和环境空气污染物中的总悬浮颗粒物、可吸入颗粒物和细颗粒物的浓度应符合表 7.2.1-1 的要求。

厂界总悬浮颗粒物、可吸入颗粒物和细颗粒物的浓度控制要求　　　　表 7.2.1-1

污染物项目	测试时间	厂界平均浓度差值最大限值（$\mu g/m^3$）	
		自然保护区、风景名胜区和其他需要特殊保护的区域	居住区、商业交通居民混合区、文化区、工业区和农村地区
总悬浮颗粒物	1h	120	300
可吸入颗粒物	1h	50	150
细颗粒物	1h	35	75

注：① 厂界平均浓度差值应是在厂界处测试 1h 颗粒物平均浓度与当地发布的当日 24h 颗粒物平均浓度的差值；
② 当地不发布或发布值不符合混凝土生产企业所处实际环境时，厂界平均浓度差值应采用在厂界处测试 1h 颗粒物平均浓度与参照点当日 24h 颗粒物平均浓度的差值；
③ 测试时间应选择满负荷生产时段。

（2）厂区粉尘控制

厂区内生产时段无组织排放总悬浮颗粒物的浓度应符合表 7.2.1-2 的要求。

厂区总悬总悬浮颗粒物浓度控制要求　　　　表 7.2.1-2

厂区位置	总悬浮颗粒物 1h 平均浓度最大限值（$\mu g/m^3$）
搅拌站（楼）的计量层和搅拌层	1000
骨料堆场	800
搅拌站（楼）的操作间、厂区办公区和生活区	400

2. 监测方法

生产性粉尘监测点分布和监测方法除应符合现行国家标准《环境空气 总悬浮颗粒物的测定 重量法》GB/T 15432、现行行业标准《大气污染物无组织排放监测技术导则》HJ/T 55 和《环境空气 PM10 和 PM2.5 的测定 重量法》HJ 618 的规定之外，尚应符合下列规定：

（1）当监测厂界生产性粉尘排放时，应在厂界外 20m 处、下风口方向均匀设置两个以上监控点，并应包括受被测粉尘源影响大的位置，各监控点应分别监测 1h 平均值，并应单独评价。

（2）当监测厂区内生产性粉尘排放时，当日 24h 细颗粒物平均浓度值不应大于 75ug/m³，应在厂区的骨料堆场、搅拌站（楼）的搅拌层、称量层、办公和生活等区域设置监控点，各监控点应分别监测 1h 平均值，并应单独评价。

（3）当监测参照点大气污染物浓度时，应在上风口方向且距离厂界不小于 500m 位置均匀设置两个以上参照点，各参照点应分别监测 24h 平均值，取算术平均值作为参照点当日 24h 颗粒物平均浓度。

3. 控制措施

（1）对产生粉尘排放的设备设施或场所进行封闭处理或安装除尘装置。

（2）采用低粉尘排放量的生产、运输和检测设备。

（3）利用喷淋装置对砂石进行预湿处理。

（4）生产性粉尘控制尚应符合现行行业标准《预拌混凝土绿色生产及管理技术规程》JGJ/T 328 的相关规定。

【讲解说明】

生产性粉尘控制是高性能混凝土绿色生产的重要内容。本《指南》的生产性粉尘控制指标和要求是高性能混凝土绿色生产的基本要求。

生产性粉尘是指预拌混凝土生产过程中产生的总悬浮颗粒物、可吸入颗粒物和细颗粒物的总称，各颗粒物的空气动力学当量直径分别不大于 $100\mu m$、$10\mu m$ 和 $2.5\mu m$。控制混凝土生产过程中的粉尘排放有利于降低生产对环境产生的负面影响，避免或减少粉尘扰民现象，改善空气质量，保障从业人员的职业健康。

本《指南》针对厂界和厂区粉尘分别给出了具体控制要求及监测方法。对于生产性粉尘控制要求而言，考虑我国混凝土行业整体技术水平和混凝土生产特点，本《指南》分别提出厂界和厂区内粉尘控制指标，且厂界控制项目包括总悬浮颗粒物、可吸入颗粒物和细颗粒物。

监测浓度为满负荷生产时段 1h 颗粒物平均浓度，避免集中排放的瞬间粉尘浓度，厂界平均浓度差值最大限值为厂界处测试 1h 颗粒物平均浓度与当地发布的当日 24h 颗粒物平均浓度的差值，避免了大气污染物对混凝土生产性粉尘排放的附加。

由于要求的是厂界平均浓度差值最大限值，且各监控点单独评价，因此，按最不利监控点 1h 颗粒物平均浓度情况计算与当地发布的当日 24h 颗粒物平均浓度差值。

另外，对装卸砂石进行喷淋，安装除尘装置或对搅拌站（楼）进行封闭都是粉尘控制的有效措施。

粉尘控制的相关标准有现行国家标准《环境空气质量标准》GB 3095、《水泥工业大气污染物排放标准》GB 4915、《环境空气 总悬浮颗粒物的测定 重量法》GB/T 15432、现行行业标准《大气污染物无组织排放监测技术导则》HJ/T 55 和《环境空气 PM10 和 PM2.5 的测定 重量法》HJ 618 等。

7.2.2 噪声控制

高性能混凝土生产过程中应对噪声进行控制。预拌混凝土搅拌站（楼）主要噪声来源包括：搅拌主机、空压机、运输车、装载机、柴油发动机、水泵等，其噪声值约为 85～95dB（A）。

1. 技术要求

搅拌站（楼）的厂界声环境功能区类别划分和环境噪声最大限值应符合表 7.2.2 的规定。

搅拌站（楼）的厂界声环境功能区类别划分和环境噪声最大限值　　表7.2.2

声环境功能区域	时段	
	昼间	夜间
以居民住宅、医疗卫生、文化教育、科研设计、行政办公为主要功能，需要保持安静的区域（dB（A））	55	45
以商业金融、集市贸易为主要功能，或者居住、商业、工业混杂，需要维护住宅安静的区域（dB（A））	60	50
以工业生产、仓储物流为主要功能，需要防止工业噪声对周围环境产生严重影响的区域（dB（A））	65	55
高速公路、一级公路、二级公路、城市快速路、城市主干路、城市次干路、城市轨道交通地面段、内河航道两侧区域，需要防止交通噪声对周围环境产生严重影响的区域（dB（A））	70	55
铁路干线两侧区域，需要防止交通噪声对周围环境产生严重影响的区域（dB（A））	70	60

注：环境噪声限值是指等效声级。

2．噪声监测方法

对噪声监测时，其测点分布和监测方法除应符合现行国家标准《声环境质量标准》GB 3096 和《工业企业厂界环境噪声排放标准》GB 12348 的规定外，尚应符合下列规定：

（1）当监测厂界环境噪声时，应在厂界均匀设置四个以上监控点，并应包括受被测声源影响大的位置；

（2）各监控点应分别监测昼间和夜间环境噪声，并应单独评价。

3．噪声控制措施

当高性能混凝土的生产噪声超出标准要求时，宜采取下列降低噪声的技术措施：

（1）对产生噪声的主要设备设施应进行降噪处理；

（2）搅拌站（楼）临近居民区时，应在对应厂界安装隔音装置；

（3）选用噪声较低的布料机或装载机也是常用的有效方法之一；

（4）噪声控制尚应符合现行行业标准《预拌混凝土绿色生产及管理技术规程》JGJ/T 328 的相关规定。

【讲解说明】

生产噪声主要来源包括搅拌主机、空压机、运输车、柴油发动机和水泵等。控制高性能混凝土生产过程的噪声排放有利于改善生产环境，降低生产过程存在的噪声扰民现象，并有利于保障从业人员的职业健康。因此，综合考虑高性能混凝土生产特点及相关标准技术规定，本《指南》针对厂界噪声分别给出了具体控制要求及监测方法。

对产生噪声的生产设备进行降噪和封闭处理，厂界安装隔音装置，选用低噪声布料机或装载机等均是有效的降噪措施。噪声控制的相关标准有现行国家标准《声环境质量标准》GB 3096 和《工业企业厂界环境噪声排放标准》GB 12348。

7.2.3　生产废水和废浆控制和利用

高性能混凝土生产过程中，应控制生产废水和废浆的排放并加以利用。生产废水是指混凝土生产过程中清洗混凝土搅拌设备、运输设备、搅拌站（楼）出料位置及地面后收集沉淀的水，以及由压滤机处理废浆所压滤出的水。

1. 技术要求

（1）零排放

高性能混凝土生产过程中，不得向厂区以外排放生产废水和废浆。

（2）生产废水和废浆的处置

预拌混凝土生产企业应配备完善的生产废水收集和处置系统，应包括排水沟系统、多级沉淀池系统和管道系统，管道系统可连通多级沉淀池和搅拌主机。排水沟系统应覆盖连通搅拌站（楼）装车层、骨料堆场、砂石分离机和车辆清洗场等区域，并与多级沉淀池连接；废浆可采用压滤机进行处理，压滤产生的废水应通过专用管道进入生产废水的收集和处置系统，压滤后的固体应做无害化处理。

（3）生产废水的利用

① 经沉淀的生产废水或压滤处理的废水可用于硬化地面降尘和生产设备冲洗。

② 经沉淀的生产废水或压滤处理的废水不应单独用作高性能混凝土拌合用水，可按一定比例掺入正常混凝土拌合用水，但水质应符合现行行业标准《混凝土用水标准》JGJ 63 的规定，其掺量不宜超过 15%，并应通过混凝土试配确定。

③ 不宜用于制备预应力混凝土、装饰混凝土、高强混凝土和暴露于腐蚀环境的混凝土；不得用于制备使用碱活性或潜在碱活性骨料的混凝土。

2. 生产废水的检验方法

生产废水的检验方法应符合现行行业标准《混凝土用水标准》JGJ 63 的规定。

【讲解说明】

生产废水主要是在混凝土生产过程中收集后沉淀的水，包括废浆压滤出的水。

对预拌混凝土生产废水进行利用，不仅有利于节约宝贵水资源，减少乱排放带来的环境污染，而且有利于降低生产成本等。因此，本《指南》详细规定了生产废水的收集处置系统等专用设施、生产废水的利用方式、质量控制和监测方法。

生产废水不应单独使用，应与正常拌合水混合使用，混合后的水质应符合现行行业标准《混凝土用水标准》JGJ 63 的规定，混合比例不宜超过 15%。这样，对高性能混凝土性的影响小。

废浆不宜直接用于高性能混凝土，主要是考虑到其成分相对复杂，但可以采用压滤机对废浆进行压滤处理，产生的水属于生产废水，使用应与生产废水相同。

另外说明一下，废浆可以用于非高性能的混凝土，用法为：将废浆与生产废水混合后搅拌均匀，并测试混合浆水中的固体颗粒量含量，然后通过计量在正常混凝土用水中掺入适当比例的混合浆水；配合比设计时可将混合浆水中的水计入混凝土用水量，固体颗粒量计入胶凝材料用量，混合浆水掺量应通过混凝土试配确定。

7.3 原材料进场与贮存

高性能混凝土应严格控制原材料进场环节，控制生产所用原材料质量，并采用科学的贮存方式以满足高性能混凝土生产要求。原材料进场与贮存还要满足环境保护要求。原材料进场与贮存应满足以下要求：

1. 混凝土原材料进场时，供方应向需方提供质量证明文件。质量证明文件应包括型式检验报告、出厂检验报告与合格证等，外加剂、纤维等产品还应具有使用说明书。

2. 原材料进场后，应进行进场见证检验，首次检验应将相应的原材料标准要求的检验项目做全，检验结果应达到标准的指标要求。

3. 水泥应按品种、强度等级和生产厂家分别标识和贮存；应防止水泥受潮及污染，不得采用结块的水泥；水泥出厂超过 3 个月应进行复检，合格者方可使用。水泥用于生产时的温度不宜高于 60℃。

4. 矿物掺合料应按品种、质量等级和产地分别标识和贮存，不应与水泥等其他粉状料混杂，并应防潮、防雨。矿物掺合料存储期超过 3 个月应进行复检，合格者方可使用。

5. 不同品种、规格的骨料应分别标识和贮存，避免混杂或污染，并应建有骨料大棚等防雨防尘的设施。

6. 外加剂应按品种和生产厂家分别标识和贮存；粉状外加剂应防止受潮结块，如有结块，应进行检验，合格者后经粉碎并全部通过 300 μm 方孔筛筛孔后，方可使用；液态外加剂应贮存在密闭容器内，并应防晒和防冻。如有沉淀等异常现象，应经检验合格后方可使用。

7. 纤维应按品种、规格和生产厂家分别标识和贮存。

8. 预拌混凝土生产用大宗粉料不宜使用袋装方式。

9. 原材料的运输、装卸和存放应采取降低噪声和防尘的措施，并保持清洁卫生，符合环境卫生要求。

10. 原材料进场与贮存尚应符合现行国家标准《预拌混凝土》GB/T 14902 和《混凝土质量控制标准》GB 50164 的规定。

【讲解说明】

高性能混凝土原材料包括水泥、矿物掺合料、砂石骨料、外加剂和水，当生产高强混凝土、轻骨料混凝土、纤维混凝土和自密实混凝土等特制品时，还包括轻骨料、纤维和硅灰等。加强原材料进场和贮存管理是混凝土质量控制和绿色生产的关键环节之一。原材料进场和贮存的执行标准为现行国家标准《预拌混凝土》GB/T 14902 和《混凝土质量控制标准》GB 50164。

高性能混凝土生产过程中，原材料进场和贮存尤其应重视以下 3 点：

1. 进场见证检验须在批量材料中抽检，从而避免大、小样不同的问题，例如外加剂受检样品与大宗批量货品不是一回事的问题。

2. 建立大棚防雨防尘，对控制质量和环保均有实质性改善。砂、石和轻骨料在硬化高性能混凝土结构中均起到骨架作用。在实际生产过程中，自然雨雪会明显影响骨料的含水率，进而影响混凝土的水胶比控制，对混凝土质量影响很大；再者，砂石堆场混杂现象较多，扬尘现象明显。

3. 外加剂贮存良好有利于外加剂的稳定，避免变质，否则会产生问题。例如贮存不当会影响浓度变化，进而对混凝土性能影响较大。

其他方面也不能忽略。

水泥和矿物掺合料是配制高性能混凝土的最重要原材料之一。高性能混凝土用水泥和矿物掺合料要按品种、质量等级和生产厂家分别检测、标识和贮存，并应在有效期内使用。在实际情况中，发生过水泥和矿物掺合料搞错的情况。

纤维是生产纤维混凝土的重要组分，标识和检验是确认品种和质量的重要方面，储存会影响到产品质量的稳定。

此外，大宗粉料不使用袋装方式，有利于实现降噪、防尘，保持环境卫生等绿色生产要求。

7.4 计量

计量是高性能混凝土生产的核心环节，精确的计量对于生产高性能混凝土具有重要意义。计量过程中还应注意控制噪声和粉尘排放。高性能混凝土计量应符合下列要求：

1. 混凝土生产单位每月应至少自检计量设备一次；每一工作班开始前，应对计量设备进行零点校准。

2. 每盘高性能混凝土原材料计量的允许偏差应符合表 7.4 的规定，原材料计量偏差应每班检查 1 次。

各种原材料计量的允许偏差（按质量计，%）　　　表 7.4

原材料品种	水泥	骨料	水	外加剂	掺合料	纤维
每盘计量允许偏差	±2	±3	±1	±1	±2	±1
累计计量允许偏差[a]	±1	±2	±1	±1	±1	±1

注：[a] 累计计量允许偏差是指每一运输车中各盘混凝土的每种材料计量和的偏差。

3. 高性能混凝土用外加剂的计量宜单独采用精度更高的计量设备或其他有效措施来提高外加剂计量精度。

4. 当掺加纤维等特殊原材料时，应安排专人负责计量操作和环境安全。

5. 应严格控制计量过程中的粉尘排放，并定期对除尘装置进行滤芯更换。

6. 高性能混凝土计量尚应符合现行国家标准《预拌混凝土》GB/T 14902 和《混凝土质量控制标准》GB 50164 的规定。

【讲解说明】

准确计量是生产高性能混凝土的基本要求。提高计量准确性的技术措施包括每月设备自检，每工作班计量设备零点校准，计量允许偏差控制等。

高性能混凝土原材料计量的关键是水和外加剂的计量精准，由于高性能混凝土的水胶比较低，混凝土性能对水和外加剂的变化比较敏感，因此，计量精准对高性能混凝土水胶比控制和混凝土性能保证至关重要。如果有可能，水和外加剂计量偏差宜比表 7.4 再控制严一些。

在生产过程中对于计量允许偏差的控制，每盘与累计的计量允许偏差都应满足表 7.4 的要求，不可仅其中一方面满足而另一方面不满足。

传统混凝土生产方式会在计量过程中伴随大量的粉尘，而安装除尘装置并定期更换滤芯是实现高性能混凝土绿色生产的重要手段。

7.5 搅拌

高性能混凝土搅拌应严格控制搅拌时间和投料顺序，并应按生产季节控制拌合物温度，确保拌合物的均匀性和施工性能。高性能混凝土搅拌应符合下列规定：

1. 搅拌应保证高性能混凝土拌合物质量均匀；同一盘混凝土的搅拌匀质性应以下要求：

（1）混凝土中砂浆密度两次测值的相对误差不应大于0.8%；

（2）混凝土稠度两次测值的差值不应大于表3.1.1-3规定的混凝土拌合物稠度允许偏差的绝对值。

2. 高性能混凝土搅拌时间应符合下列规定：

（1）对于采用搅拌运输车运送混凝土的情况，从全部材料投完算起，混凝土在搅拌机中的搅拌时间应满足设备说明书的要求，并且不应少于30s；

（2）对于采用翻斗车运送混凝土的情况，应适当延长搅拌时间；

（3）混凝土搅拌时间应每班检查2次。

3. 高性能混凝土拌合物温度不应低于5℃，并应符合下列规定：

（1）冬期施工搅拌混凝土时，宜优先采用加热水的方法提高拌合物温度，也可同时采用加热骨料的方法提高拌合物温度。当拌合用水和骨料加热时，拌合用水和骨料的加热温度不应超过表7.5的规定；当骨料不加热时，拌合用水可加热到60℃以上，但不要将水泥与热水直接混合搅拌，而应先投入骨料和热水进行搅拌，然后再投入水泥等胶凝材料共同搅拌；

拌合用水和骨料的最高加热温度（℃）　　　　　　表7.5

采用的水泥品种	拌合用水	骨料
硅酸盐水泥和普通硅酸盐水泥	60	40

（2）炎热季节施工时，应采取遮阳措施避免骨料受到阳光曝晒，同时宜适当采用喷淋措施；搅拌混凝土时可采用掺加冰块的方法降低拌合物温度。当掺加冰块时，应采用碎冰机制备较小粒径的冰块。

4. 混凝土企业应严格控制搅拌过程的噪声和粉尘排放。

5. 搅拌尚应符合现行国家标准《预拌混凝土》GB/T 14902和《混凝土质量控制标准》GB 50164的规定。

【讲解说明】

高性能混凝土的搅拌与一般混凝土比较，特点就是搅拌时间要长一些，主要是由于掺加高性能外加剂（分散要求高）和较多矿物掺合料（粉体较细），水胶比也较低，以及特制品高性能混凝土中胶凝材料用量较大等原因，搅拌时间充分才能保证搅拌质量，从而减少混凝土质量问题，为了检验搅拌时间是否满足混凝土搅拌要求，可通过搅拌后的混凝土匀质性试验进行确认，如正文中规定。

掺加粉状外加剂时，延长搅拌时间有利于混凝土搅拌均匀。

此外，控制拌合物温度也是搅拌环节的重要内容。对于典型的冬期或炎热季节施工而言，采用加热水或加热骨料或掺加冰块等方式控制拌合物入模温度满足5～35℃要求，不仅有利于组织施工，而且有利于保证混凝土性能。

混凝土搅拌是产生粉尘和噪声的重要来源，因此，控制粉尘排放和降低噪声是高性能混凝土绿色生产中搅拌环节的关键。

7.6　运　输

高性能混凝土的运输应采用搅拌运输车，当近距离很近时，也可采用翻斗车或其他运输方式。运输车辆、运输时间和运输管理制度均会影响运输效率和混凝土施工组织。高性能混凝土运输应符合下列规定：

1. 搅拌运输车应符合现行行业标准《混凝土搅拌运输车》JG/T 5094 的规定；对于寒冷、严寒或炎热的天气情况，搅拌运输车的搅拌罐应有保温或隔热措施。翻斗车宜限用于近距离运送坍落度小于 80mm 的混凝土拌合物，且道路应平整。运输车应达到当地机动车污染物排放标准要求，并应定期保养。

2. 搅拌运输车在装料前应将搅拌罐内积水排尽，装料后严禁向搅拌罐内的混凝土拌合物中加水。

3. 在运输高性能混凝土时，应保证混凝土拌合物均匀并不产生分层、离析。

4. 当卸料前需要在混凝土拌合物中掺入外加剂时，应在外加剂掺入后采用快挡旋转搅拌罐进行搅拌；外加剂掺量和搅拌时间应有经试验确定的预案，严禁随意加水。

5. 预拌混凝土从搅拌机卸入搅拌运输车至卸料时的运输时间不宜大于 90min，如需延长运送时间，则应采取相应的有效技术措施，并应通过试验验证；当采用翻斗车时，运输时间不应大于 45min。

6. 当采用泵送施工工艺时，混凝土运输应能保证混凝土连续泵送。

7. 预拌混凝土企业应制定运输管理制度，合理指挥调度车辆，并宜采用定位系统监控车辆运行。

8. 搅拌运输车出入厂区时宜使用循环水进行冲洗以保持卫生清洁，冲洗运输车产生的废水可进入废水回收利用设施。

9. 运输尚应符合现行国家标准《预拌混凝土》GB/T 14902 和《混凝土质量控制标准》GB 50164 的规定。

【讲解说明】

高性能混凝土运输过程中，最重要的是缩短时间和严禁加水。缩短时间可以减少混凝土拌合物性能的损失，这对高性能混凝土，尤其对特制品高性能混凝土很重要；无论出现何种情况，都严禁加水调整拌合物稠度，不得已时，可掺加适量减水剂快挡搅拌，但须有预案。

对于不同的运输距离和运输道路，以及不同的混凝土拌合物性能和施工方式，可选择相应的运输工具中和运输方式。高性能混凝土最主要的运输设备是搅拌运输车。搅拌运输车除了应满足现行行业标准《混凝土搅拌运输车》JG/T 5094 外，还应满足混凝土运输过程中寒冷、严寒或炎热天气时的保温或隔热要求。

高性能混凝土运输应处理好装料前排空积水，装料后严禁加水，控制运输时间，以及运输和施工之间衔接等技术环节。此外，还应采取定位系统监控车辆运行，保持车辆出入卫生，回收利用洗车用水，控制运输车机动车污染物排放等措施，提高运输效率和加强环境保护。

7.7 浇筑

高性能混凝土浇筑包括模板支撑、泵管设置、振捣方式选择、振捣时间控制、不同等级混凝土的现浇对接和抹面等内容。高性能混凝土浇筑应满足下列要求：

1. 浇筑高性能混凝土前，应根据工程特点、环境条件、施工工艺与施工条件制定浇筑方案，包括浇筑起点、浇筑方向和浇筑厚度等，在混凝土浇筑过程中不得无故更改浇筑方案。

2. 浇筑前，应检查模板、钢筋、保护层和预埋件等的尺寸、规格、数量和位置，其偏差值应符合现行国家标准《混凝土结构工程施工质量验收规范》GB 50204 的有关规定，并应检查模板支撑的稳定性以及接缝的密合情况，保证模板在混凝土浇筑过程中不失稳、不跑模和不漏浆。对于钢纤维混凝土施工，模板与支架设计时应注意混凝土自重的标准值取值要大于普通混凝土。

3. 浇筑前，应清除模板内以及垫层上的杂物；表面干燥的地基土、垫层、木模板应浇水湿润。

4. 夏季天气炎热时，宜选择晚间或夜间浇筑混凝土，以避免模板和新浇混凝土直接受阳光曝晒；现场温度高于 35℃时，宜对金属模板进行浇水降温，但不得留有积水，并宜采取遮挡措施避免阳光照射金属模板。当在相对湿度较小、风速较大的环境下浇筑混凝土时，应采取适当挡风措施，防止混凝土失水过快，并应避免浇筑较大暴露面积的构件。

5. 泵送高性能混凝土的输送管最小内径宜符合表 7.7-1 的规定；高性能混凝土输送泵的泵压应与混凝土拌合物特性和泵送高度相匹配；泵送高性能混凝土的输送管应支撑稳定，不漏浆，冬期应有保温措施，夏季施工现场气温高于 35℃时，应有隔热措施。

泵送高性能混凝土的输送管最小内径（mm）　　　　　表 7.7-1

粗骨料最大公称粒径	输送管最小内径
25	125
40	150

6. 高性能混凝土入模温度不宜大于 35℃。

7. 不同配合比或不同强度等级泵送混凝土在同一时间段交替浇筑时，输送管道中的混凝土不得混入其他不同配合比或不同强度等级混凝土。润滑泵管的砂浆不得浇筑在重要结构上，也不得集中一处浇筑在非重要结构部位。

8. 当泵送高性能混凝土自由倾落高度大于 3.0m 时，宜采用串筒、溜管或振动溜管等辅助设备，避免混凝土离析。

9. 浇筑竖向尺寸较大的结构物时，应分层浇筑，每层浇筑厚度宜控制在 300～350mm；浇筑大体积混凝土时，可利用自然流淌形成斜坡沿高度均匀上升，分层厚度不应大于 500mm；高性能混凝土分层浇筑的间隙时间不得超过 90min，并不得随意留置施工缝。

10. 混凝土振捣宜采用机械振捣。一般可采用振捣棒捣实，插入间距不应大于振捣棒振动作用半径的一倍，连续多层浇筑时，振捣棒应插入下层混凝土拌合物约 50mm 振捣；当浇筑厚度不大于 200mm 的表面积较大的平面结构或构件时，宜采用表面振动成型；当采用干硬性混凝土拌合物浇筑混凝土制品时，宜采用振动台或表面加压振动成型。宽度较小的梁、墙混凝土宜采用插入式振捣器振捣（如果可以插入）并辅以附壁式振捣。

11. 振捣时间宜控制在 10～30s 内，当混凝土拌合物表面出现泛浆，基本无气泡逸出，可视为捣实。振捣过程中应检查模板稳定性和接缝密合性。

12. 高性能混凝土拌合物从搅拌机卸出后到浇筑完毕的延续时间不宜超过表 7.7-2 的规定。

高性能混凝土从搅拌机卸出后到浇筑完毕的延续时间（min） 表 7.7-2

混凝土生产地点	气　温	
	≤25℃	>25℃
预拌混凝土搅拌站	150	120
施工现场	120	90
混凝土制品厂	90	60

13. 在混凝土浇筑同时，应按设计和施工要求制作供结构或构件出池、拆模、吊装、张拉、放张、强度和耐久性能合格评定用的同条件养护试件。

14. 不同强度等级混凝土现浇对接处应设在低强度等级混凝土构件中，与高强度等级构件间距不宜小于 500mm；现浇对接处可设置密孔钢丝网（孔径 5mm×5mm）拦截混凝土拌合物，浇筑时应先浇高强度等级混凝土，后浇低强度等级混凝土；低强度等级混凝土不得流入高强度等级混凝土构件中。

15. 高性能混凝土浇筑成型后，应及时对混凝土暴露面进行覆盖。梁板或道路等平面结构混凝土终凝前，应用抹子搓压表面至少两遍，平整后再次覆盖。

16. 混凝土构件成型后，在强度达到 1.2MPa 以前，不得在构件上面踩踏行走。

17. 浇筑尚应符合现行国家标准《混凝土质量控制标准》GB 50164 和《混凝土结构工程施工规范》GB 50666 的规定。

【讲解说明】

高性能混凝土浇筑是高性能混凝土施工的重要组成部分。进行混凝土浇筑的前提条件是模板工程和钢筋工程均已完成且质量满足现行国家标准《混凝土结构工程施工质量验收规范》GB 50204 的有关规定。模板工程质量直接影响高性能混凝土施工质量，如外观质量等。模板失稳或跑模会打乱混凝土浇筑节奏，也会带来施工质量问题和安全问题。

未浇水湿润而表面干燥的地基土、垫层、木模板吸水性明显，会导致浇筑后的混凝土表面失水，造成混凝土质量问题。

现场温度和金属模板温度高会影响混凝土硬化过程有影响，进而影响混凝土性能；混凝土拌合物入模温度过高对高性能混凝土性能不利。因此，避免高温条件浇筑混凝土是比较合理的选择。

混凝土粗骨料粒径太大而输送管道内径太小，会突出粗骨料与管道的摩阻力，影响混凝土拌合物内浆体对粗骨料包覆，泵送摩阻力也增大，易于堵泵。

自由倾落高度过大易于导致混凝土拌合物离析，采用串筒、溜管或振动溜管等辅助设备可避免这一问题。

混凝土分层浇筑厚度过大不利于混凝土振捣，影响混凝土的成型质量。

一般结构混凝土通常使用振捣棒进行插入振捣，较薄的平面结构可采用平板振捣器进行表面振捣，竖向薄壁且配筋较密的结构或构件可采用附壁振动器进行附壁振动，当采用干硬性混凝土成型混凝土制品时可采用振动台或表面加压振动。

抓紧时间尽早完成浇筑有利于浇筑成型各方面的操作和混凝土性能的稳定发展。

同条件养护试件可以比较客观地反映结构和构件实体的混凝土质量情况，一般情况下，需要制作同条件养护试件是由设计和施工设计提出。

在浇筑结束后，对高性能混凝土进行覆盖和抹压处理对于加强养护、降低表面开裂风险意义重大。

对强度低于 1.2MPa 混凝土构件踩踏行走则会导致硬化混凝土结构破坏。

7.8 养护

高性能混凝土应根据施工要求、环境条件、混凝土材料和生产工艺情况，选用适宜的养护方法和养护制度，保证混凝土性能稳定发展，达到设计强度和耐久性要求。高性能混凝土养护应符合下列规定：

1. 生产和施工单位应根据结构、构件或制品情况、环境条件、原材料情况以及对混凝土性能的要求等，提出施工养护方案或生产养护制度，并应严格执行，详细记录。

2. 混凝土施工可采用浇水、覆盖保湿、喷涂养护剂、冬期蓄热养护等方法进行养护；混凝土构件或制品厂生产可采用蒸汽养护、湿热养护或潮湿自然养护等方法进行养护。选择的养护方法应满足施工养护方案或生产养护制度的要求。

3. 采用塑料薄膜覆盖养护时，混凝土全部表面应覆盖严密，并应保持膜内有凝结水；当采用混凝土养护剂进行养护时，养护剂的有效保水率不应小于 90%，7d 和 28d 抗压强度比均不应小于 95%。养护剂有效保水率和抗压强度比的试验方法应符合现行行业标准《公路工程混凝土养护剂》JT/T 522 的规定。

4. 养护用水温度与混凝土表面温度之间的温差不宜大于 20℃。

5. 混凝土施工养护时间应符合下列规定：

（1）对于采用硅酸盐水泥、普通硅酸盐水泥或矿渣硅酸盐水泥配制的混凝土，采用浇水和潮湿覆盖的养护时间不得少于 7d；

（2）对于采用粉煤灰硅酸盐水泥、火山灰质硅酸盐水泥、复合硅酸盐水泥配制的混凝土，或掺加缓凝剂的混凝土以及大掺量矿物掺合料混凝土，采用浇水和潮湿覆盖的养护时间不得少于 14d；

（3）对于竖向混凝土结构，养护时间宜适当延长。

6. 混凝土构件或制品厂的混凝土养护应符合下列规定：

（1）采用蒸汽养护或湿热养护时，养护时间和养护制度应满足混凝土及其制品性能的要求；

（2）采用蒸汽养护时，应分为静停、升温、恒温和降温四个养护阶段。混凝土成型后的静停时间不宜少于 2h，升温速度不宜超过 25℃/h，降温速度不宜超过 20℃/h，最高和恒温温度不宜超过 65℃；混凝土构件或制品在出池或撤除养护措施前，应进行温度测量，当表面与外界温差不大于 20℃时，构件方可出池或撤除养护措施；

（3）采用潮湿自然养护时，应满足本节第 2～5 条的要求。

7. 对于大体积混凝土，养护过程应进行内部温度、表层温度和环境气温监测，根据混凝土温度和环境变化情况及时调整养护制度，控制混凝土内部和表面的温差不宜超过 25℃，表面与外界的温差不宜大于 20℃。

8. 对于冬期施工的混凝土，养护应符合下列规定：

（1）日均气温低于 5℃时，不得采用浇水自然养护方法；

（2）混凝土受冻前的强度不得低于 5MPa；

（3）模板和保温层应在混凝土冷却到 5℃方可拆除，或在混凝土表面温度与外界温度相差不大于 20℃时拆模，拆模后的混凝土应及时覆盖，使其缓慢冷却；

（4）混凝土强度达到设计强度等级的 50% 时，方可撤除养护措施。

9. 养护尚应符合现行国家标准《混凝土质量控制标准》GB 50164 和《混凝土结构工程施工规范》GB 50666 的规定。

【讲解说明】

养护对高性能混凝土尤为重要，是含有较多矿物掺合料的胶凝材料水化反应以及较低水胶比混凝土硬化发展的重要条件，有效养护可以保证浇筑后高性能混凝土的性能正常发展。混凝土浇筑前应制定合理的养护方案或生产养护制度，并应有实施过程的养护记录，供存档备案。

高性能混凝土裂缝控制措施之一是加强早期养护，减少混凝土表面水分损失。混凝土成型后立即用塑料薄膜覆盖可以预防混凝土早期失水和被风吹，是比较好的养护措施。对于难以潮湿覆盖的结构立面混凝土等，可采用养护剂进行养护，但养护效果应通过试验验证。

在混凝土养护过程中，控制混凝土自身及其与周边环境温度的差异很重要，温度差异太大容易使混凝土产生裂缝。

粉煤灰硅酸盐水泥、火山灰硅酸盐水泥和复合硅酸盐水泥配制的混凝土，或掺加缓凝剂的混凝土以及大掺量矿物掺合料混凝土中胶凝材料水化速度慢，达到性能要求的水化时间长，因此，相应需要的养护时间也长。

采用蒸汽养护时，在可接受生产效率范围内，混凝土成型后的静停时间长一些有利于减少混凝土在蒸养过程中的内部损伤；控制升温速度和降温速度慢一些，可减小温度应力对混凝土内部结构的不利影响；控制最高和恒温温度不宜超过 65℃比较合适，最高温度不应超过 80℃。

大体积混凝土温度控制，可有效控制温度应力对混凝土浇筑体的不利影响，减小结构混凝土裂缝产生的可能性。

对于冬期施工的混凝土，同样应注意避免混凝土内外温差过大，有效控制混凝土温度应力的不利影响。混凝土强度不低于 5MPa 即具有了一定的非冻融循环大气条件下的抗冻能力，这个强度也称抗冻临界强度。

7.9 特制品高性能混凝土生产施工特殊要点

7.9.1 一般规定

特制品高性能混凝土生产施工应执行本章 7.1～7.8 节的有关技术规定，除此之外，尚应抓住本节提出的特殊要点。

【讲解说明】

特制品高性能混凝土生产施工要求也应按 7.1～7.8 节的技术要求执行，本节专门列出特制品高性能混凝土生产施工需要进一步注意的某些特殊要求，这样比较突出，有利于区别和提醒注意，以便在实际生产施工过程中加以实施，将工程做得更好。

7.9.2 轻骨料高性能混凝土生产施工特殊要点

1. 泵送轻骨料高性能混凝土宜采用碎石型陶粒。

2. 在配制轻骨料高性能混凝土之前，首先应将轻骨料充分预湿，宜提前 12h 对轻骨料进行泡水处理，用时滤水后铲出，然后进行计量和投料搅拌。

3. 对预湿处理的轻骨料，在生产过程中应测定监控湿堆积密度，保证轻骨料预湿的充分和稳定性。

4. 为保证施工操作时间充分，应注意以下方面：

(1) 采取措施尽量减小混凝土拌合物坍落度经时损失；

(2) 从搅拌机卸料起到浇入模内止的延续时间不宜超过 45min。

5. 浇筑倾落的自由高度超过 1.5m 时，应加串筒、溜管等辅助工具，避免拌合物离析。

6. 振捣时不宜过振，振捣至混凝土表面泛浆即可，避免混凝土分层。

【讲解说明】

工程实践表明，采用碎石型陶粒有利于轻骨料高性能混凝土的泵送。湖北宜昌的"滨江国际"高层建筑项目采用 LC40 和 LC35 泵送轻骨料高性能混凝土，用量约 6600m³，最大泵送高度超过 100m，采用的就是碎石型陶粒，在整个工程中未发生堵泵和泵送困难等问题。

将轻骨料泡水处理充分预湿，可以避免轻骨料混凝土生产施工过程中轻骨料吸水导致混凝土拌合物性能急剧下降，并可增大轻骨料颗粒重量而减轻上浮。"滨江国际"高层建筑项目泡水处理的预湿工艺为：在搅拌站建造可供 300m³ 陶粒预湿的浸泡池，浸泡池上方还设有喷淋装置；提前 1d 将陶粒泡于水中，让陶粒充分饱水；生产前 1h 将池水放出，滤水后的陶粒表面虽然带有水，但基本稳定的，当环境温度高或陶粒滤水后搁置时间较长的情况，可开启浸泡池上方的喷淋装置，避免陶粒表面水分变化。这样预湿的陶粒的状态，在整个生产过程中基本是稳定的，有利于计量和配合比的准确。

测定监控预湿处理的轻骨料的湿堆积密度，可以随时了解轻骨料湿堆情况，例如湿堆积密度发生了明显变化，如果材料自身质量稳定，则是预湿情况不稳定。

减小轻骨料混凝土拌合物坍落度损失和避免轻骨料混凝土分层或离析是轻骨料高性能混凝土生产施工的两个要点，各种措施应尽量围绕这两个要点展开。

7.9.3 高强高性能混凝土生产施工特殊要点

1. 配制高强高性能混凝土的原材料要求有以下要点：

（1）水泥 28d 胶砂强度不宜低于 50MPa；

（2）宜采用聚羧酸高性能减水剂，配制 C80 及其以上等级混凝土时，高性能减水剂的减水率不宜小于 28%；

（3）配制 C80 及其以上等级混凝土时，宜掺加适量硅灰。

2. 搅拌高强高性能混凝土应采用双卧轴强制式搅拌机，搅拌时间宜满足表 7.9.3 的要求。当高强高性能混凝土掺用纤维、粉状外加剂时，搅拌时间宜在表 7.9.3 的基础上适当延长。

高强高性能混凝土搅拌时间（s）　　　　　　　　　　表 7.9.3

混凝土强度等级	施工工艺	搅拌时间
C60～C80	泵送	60～80
	非泵送	90～120
＞C80	泵送	90～120
	非泵送	≥120

3. 高强高性能混凝土泵送要求有以下要点：

（1）当缺乏高强混凝土泵送经验时，施工前宜进行试泵；

（2）当泵送高度超过 100m 时，宜采用高压泵进行泵送；

（3）对于泵送高度超过 100m 的、强度等级不低于 C80 的高强混凝土，宜采用 150mm 管径的输送管；

（4）向下泵送高强混凝土时，输送管与垂线的夹角不宜小于 12°；

（5）当改泵较高强度等级混凝土时，应清空输送管道中原有的较低强度等级混凝土。

4. 对于大体积高强高性能混凝土，应采取保温养护进行温控。

【讲解说明】

采用较高胶砂强度的水泥配制高强高性能混凝土的技术经济合理性较好，可在满足混凝土强度要求的情况下水胶比不过低，从而减少扩大浆体量，有利于混凝土达到较高强度且混凝土拌合物具有较好的工作性，并具有较好的经济性。

现行国家标准《混凝土外加剂》GB 8076 规定的高性能减水剂包括不同品种，但规定减水率不小于 25%。工程实践表明，采用减水率不小于 28% 的聚羧酸系高性能减水剂配制高强高性能混凝土具有良好的表现，也是目前主要的做法。

采用双卧轴强制式搅拌机有利于高强高性能混凝土的搅拌。对于高强高性能混凝土，比强度等级较低的混凝土搅拌时间长，主要是高强高性能混凝土中粉体较多，水胶比较低，混凝土拌合物黏度较大，适当延长搅拌时间有利于各组分材料分布均匀。表 7.9.3 是近年高强高性能混凝土实际生产经验的总结。

高强高性能混凝土泵送是施工的关键环节之一。高强高性能混凝土拌合物用水量较少，黏度大，尤其在大高程泵送情况下，有一定的控制难度，解决了高强高性能混凝土的泵送问题，基本就解决了高强高性能混凝土施工的主要问题。施工前进行高强高性能混凝土试泵能够为提高泵送的可靠性做充分准备。

高强高性能混凝土黏度较大，间歇后开始泵送瞬间粘滞作用大，进行较大高程的高强高性能混凝土泵送，对泵压要求较高，宜采用高压泵；采用较大管径的输送管有利于减小黏度对泵送的影响。

向下泵送高强高性能混凝土时，控制输送管与垂线的夹角大一些有利于防止形成空气栓塞引起堵泵，反泵无益；在泵送过程中，为了防止混凝土在输送管中形成栓塞导致堵泵，应尽量避免混凝土在输送管中长时间停滞不动。

输送管道中的原有较低强度等级混凝土混入后来浇筑的较高强度等级混凝土中会引发工程事故。

高强混凝土结构尺寸较大的情况不少，并且由于高强混凝土温升较高，温控就尤为重要。采取保温养护措施是重要的温控措施之一。

7.9.4 自密实高性能混凝土生产施工特殊要点

1. 配制自密实高性能混凝土的原材料要求有以下要点：

(1) 骨料最大粒径不宜大于 20mm；

(2) 宜采用聚羧酸高性能减水剂；

(3) 可考虑掺加适量石灰石粉。

2. 自密实混凝土应采用双卧轴强制式搅拌机，搅拌时间不宜少于 60s。

3. 浇筑形状复杂或封闭模板空间内混凝土时，应在模板的适当部位设置排气口和观察口。

4. 布料点间距应通过混凝土自密实性能试验确定。

5. 型钢混凝土结构应均匀对称浇筑。

6. 钢管自密实混凝土浇筑应符合下列要求：

(1) 应按设计要求在钢管适当位置设置排气孔，排气孔孔径宜为 20mm；

(2) 宜采用导管、溜管等辅助装置进行浇筑；混凝土最大自由倾落高度不宜大于 9m；

(3) 顶升浇筑时应符合下列规定：

① 进料管应设置在钢管底部，并应设有止流阀门，止流阀门可在混凝土达到终凝后拆除；

② 钢管直径不宜小于泵管直径的两倍；

③ 浇筑完毕后管顶混凝土出现下沉情况时，应从管顶补浇混凝土。

【讲解说明】

自密实高性能混凝土往往用于密筋的混凝土结构，控制骨料最大粒径有利于混凝土拌合物的间隙通过性能；聚羧酸高性能减水剂具有良好的减水和保塑性能，适用于配制自密实高性能混凝土，目前大多数情况一般采用；配制自密实高性能混凝土时，掺加适量石灰石粉可改善混凝土拌合物较快打开的工作性能。

配制自密实高性能混凝土采用粉体和细颗粒较多，采用双卧轴强制式搅拌机有利于搅拌，适当延长搅拌时间有利于各组分材料分布均匀。

排气口可避免浇筑过程中形成空腔导致混凝土缺陷；观察口用于监控浇筑难度的部位的混凝土自密实情况以便及时采取措施。

布料点间距不能太大，毕竟自密实高性能混凝土的流动距离有限，远比不上水，但如果布料点间距太小，则浇筑速度和效率降低。

对于型钢混凝土结构，均匀对称浇筑是指型钢不同侧面同步浇筑，例如钢板混凝土，钢板两侧应同步浇筑，避免先浇筑一侧，再浇筑另一侧。

采用顶升浇筑工艺时，最好先做一下足尺寸模拟浇筑试验。

7.9.5 纤维高性能混凝土生产施工特殊要点

1. 纤维混凝土应采用双卧轴强制式搅拌机，并应配备纤维专用计量和投料设备。

2. 纤维混凝土搅拌时，宜先将纤维和粗、细骨料投入搅拌机干拌 30～60s，然后再加水泥、矿物掺合料、水和外加剂搅拌 90～120s。

3. 用于泵送钢纤维混凝土的泵的功率，应比泵送普通混凝土的泵大 20%。喷射钢纤维混凝土时，宜采用湿喷工艺。

4. 纤维混凝土拌合物浇筑倾落的自由高度不应超过 1.5m。当倾落高度大于 1.5m 时，应加串筒、斜槽、溜管等辅助工具。

5. 钢纤维混凝土的浇筑应避免钢纤维露出混凝土表面。对于竖向结构，宜将模板角修成圆角，可采用模板附着式振动器进行振动；对于上表面积较大的平面结构，宜采用平板式振动器进行振动，再用表面带凸棱的金属圆辊将竖起的钢纤维压下，然后用金属圆辊将表面滚压平整，待钢纤维混凝土表面无泌水时，可用金属抹刀抹平，经修整的表面不得裸露钢纤维。

6. 当采用三棍轴机组铺筑钢纤维混凝土路面时，应在三棍轴机前方使用表面带凸棱的金属圆辊将钢纤维压下，再用三棍轴机整平施工。当采用滑模摊铺机铺筑钢纤维混凝土路面时，应在挤压底板前方配备机械夯实杆装置，将钢纤维和大颗粒骨料压下。

【讲解说明】

采用双卧轴强制式搅拌机搅拌能力较强，有利于纤维混凝土搅拌；配备纤维专用投料设备可提高生产效率，也有利于均匀分散投料，减轻搅拌难度。

当制备纤维高性能混凝土时，先将纤维和粗、细骨料投入搅拌机搅拌，目的是先利用骨料将纤维打散，然后再加水泥、矿物掺合料、水和外加剂搅拌，有利于搅拌均匀；也可以将纤维和其他原材料一起加入进行搅拌，但搅拌时间要延长。

由于钢纤维混凝土密度略大，并且泵送时与输送管壁的摩擦阻力较大，所以采用的泵的功率应比泵送普通混凝土略大。

由于钢纤维材质密度大，所以钢纤维混凝土拌合物浇筑倾落的自由高度过高易于导致离析，应予以注意。

钢纤维露出混凝土表面不利于安全，也不利于质量，应该避免。

我国混凝土路面的主导施工方式为：高等级公路使用滑模摊铺机；二级以下的一般公路大多使用三棍轴机组。本《指南》指出了滑模摊铺与三棍轴机组的纤维混凝土路面施工要求。

第8章 检验与验收

8.1 检验

8.1.1 绿色生产监测

绿色生产监测是指对高性能混凝土生产过程产生的废浆、生产废水、生产性粉尘和噪声等定期进行监测。绿色生产监测包括第三方监测和自我监测两种方式，第三方监测可作为绿色生产评价依据，自我监测则是为了企业自身绿色生产水平控制。监测应参照现行行业标准《预拌混凝土绿色生产及管理技术规程》JGJ/T 328 的规定来执行。绿色生产监测应符合下列要求：

1. 第三方监测机构应具有相应法定资格。
2. 监测时间应选择满负荷生产时段。
3. 监测频率最小限值应符合表 8.1.1 的要求。
4. 检测结果应符合本《指南》第 7.2 节的要求。
5. 绿色生产监控尚应符合现行行业标准《预拌混凝土绿色生产及管理技术规程》JGJ/T 328 的规定。

废浆、生产废水、生产性粉尘和噪声的监测频率最小限值　　　　表 8.1.1

监测对象	监测频率（次/年）		
	第三方监测	自我监测	总计
生产废水和废浆	1	1	1
噪声	1	2	3
生产性粉尘	1	1	2

【讲解说明】

绿色生产是高性能混凝土的重要特征，对高性能混凝土生产过程所产生的生产废水和废浆、生产性粉尘和噪声按规定频率进行监测是确保绿色生产持续有效运行的手段。第三方监测机构要具备法定授权的粉尘、噪声和水的检测资格，其提供的绿色生产监测结果应具有客观公正性。自我监测具有较大灵活性，即可根据生产季节不同、重要原材料或生产工艺变化，以及生产过程出现粉尘或噪声异常等现象，及时监测并根据监测结果采取改善措施，以保证绿色生产具有稳定的状态。高性能混凝土生产企业可增加第三方监测来替代自我监测，但是不能增加自我监测来替代第三方监测。高性能混凝土满负荷生产时，粉尘浓度和噪音级通常会达到最大值，此时监测并控制偏于安全，对改善我国空气质量，引导生产企业加大绿色生产投入具有积极意义。绿色生产监测的相关标准有现行行业标准《预拌混凝土绿色生产及管理技术规程》JGJ/T 328。

8.1.2 高性能混凝土原材料检验

1. 高性能混凝土原材料进场时应按本《指南》第 7.3 节规定验收质量证明文件，并按检验批量随机取样进行原材料进场检验。

2. 高性能混凝土原材料的检验批量应符合下列规定：

(1) 散装水泥应按每 500t 为一个检验批，袋装水泥每 200t 为一个检验批；粉煤灰、粒化高炉矿渣粉、钢渣粉、磷渣粉、石灰石粉、天然火山灰、复合矿物掺合料等矿物掺合料应按每 200t 为一个检验批，硅灰应按每 30t 为一个检验批；粗、细骨料应按每 400m³ 为一个检验批；外加剂应按每 50t 为一个检验批；钢纤维应按每 20t 为一个检验批，合成纤维应按每 50t 为一个检验批；水应按同一水源不少于一个检验批。

(2) 当符合下列条件之一时，可将检验批量扩大一倍：

① 对经产品认证机构认证符合要求的产品。

② 来源稳定且连续三次检验合格。

③ 同一厂家的同批出厂材料，用于同时施工且属于同一工程项目的多个单位工程。

(3) 不同批次或非连续供应的不足一个检验批量的混凝土原材料应作为一个检验批。

3. 高性能混凝土原材料的检验结果应符合本《指南》第 5 章的要求。

【讲解说明】

高性能混凝土原材料进场检验与普通混凝土相同。原材料进场时，审核质量证明文件和采用随机取样检验复验原材料性能均是有效的质量控制手段。高性能混凝土的水泥、矿物掺合料、砂石等原材料检验批量与一般混凝土相同。不同剂种外加剂的检验批量为：普通减水剂、高效减水剂和高性能减水剂等外加剂的检验批量为 50t；缓凝剂、速凝剂和膨胀剂等外加剂的检验批量应符合现行国家标准《混凝土外加剂应用技术规范》GB 50119 的规定。

对符合规定条件的检验批量进行扩大，既能保证原材料质量、降低检验综合成本，又能促进生产企业采用更先进质量管理制度，并可通过第三方产品认证提高产品质量。

原材料检验相关标准有现行国家标准《预拌混凝土》GB/T 10492 和《混凝土质量控制标准》GB 50164。

8.1.3 高性能混凝土拌合物性能检验

1. 在生产施工过程中，应进行出厂检验和交货检验。出厂检验在搅拌地点由企业自我进行，是企业为确保供货质量的检验；交货检验在浇筑地点由第三方质检部门进行，交货检验作为验收依据。

2. 高性能混凝土拌合物检验应为抽样检验。出厂检验应在搅拌地点取样；混凝土交货检验应在交货地点取样；交货检验试样应随机从同一运输车卸料量的 1/4～3/4 之间抽取。混凝土交货检验取样及试验应在混凝土运到交货地点时开始算起 20min 内完成。

3. 常规品高性能混凝土拌合物交货检验项目及其频率应符合下列要求：

(1) 高性能混凝土坍落度取样检验频率应符合现行国家标准《混凝土强度检验评定标准》GB/T 50107 的规定；

(2) 同一工程、同一配合比、采用同一批次水泥和外加剂的混凝土的凝结时间应至少检验 1 次；

(3) 同一工程、同一配合比的混凝土的氯离子含量应至少检验 1 次；同一工程、同一配合比和采用同一批次海砂的混凝土的氯离子含量应至少检验 1 次；

（4）引气混凝土拌合物含气量检测频率与坍落度检验频率相同。

4. 特制品高性能混凝土（高强混凝土、自密实混凝土、纤维混凝土、轻骨料混凝土、）拌合物的交货检验项目及其频率除应满足上述 3 常规品的检验项目及其频率的要求外，还应满足以下要求：

（1）自密实混凝土拌合物检验项目还应包括扩展度和扩展时间（可不检验坍落度），其检测频率与常规品混凝土坍落度检验频率相同；

（2）轻骨料混凝土拌合物检验项目还应包括表观密度，其检测频率与常规品混凝土坍落度检验频率相同。

5. 高性能混凝土拌合物性能出厂检验项目及其频率除包括交货检验的检验项目及其频率的要求外，还应满足以下要求：

（1）泵送高性能混凝土拌合物应检验坍落度经时损失，检验频率一个工作班检验一次；

（2）高强混凝土拌合物应检验倒置坍落度筒排空时间，检验频率一个工作班检验一次；

（3）自密实混凝土拌合物应检验 J 环扩展度和离析率，检验频率一个工作班检验一次；

（4）钢纤维混凝土拌合物应检验纤维体积率，检验频率一个工作班检验一次；

（5）大体积混凝土拌合物应检验入模温度，检验频率一个工作班检验一次。

6. 高性能混凝土拌合物性能检验结果应符合本指南第 3 章及相关章节中的规定。

【讲解说明】

在生产施工过程中，出厂检验和交货检验的实施主体和作用不同。出厂检验为厂家自我质量控制，检验结果不作为混凝土工程质量验收依据。交货检验为第三方检验，检验结果用来判定质量是否合格，可作为验收依据。检验结果均应符合本《指南》第 3 章的规定。

高性能混凝土拌合物性能检验与一般混凝土相同。高性能混凝土拌合物的交货检验要按规定检验频率进行随机抽样检验。对于常规品高性能混凝土拌合物性能来讲，坍落度、凝结时间和氯离子含量是交货检验必检项目，引气混凝土还要检验含气量。高强混凝土、自密实混凝土、纤维混凝土、轻骨料混凝土等特制品高性能混凝土拌合物性能交货检验项目除应满足上述常规品的检验项目要求外，自密实混凝土拌合物检验项目还应包括扩展度和扩展时间（可不检验坍落度），轻骨料混凝土拌合物检验项目还应包括表观密度。

高性能混凝土拌合物性能的出厂检验同样应按规定检验频率进行随机抽样检验。拌合物性能出厂检验项目除包括交货检验的检验项目要求外，还应包括：泵送高性能混凝土应检验坍落度经时损失，高强混凝土应检验倒置坍落度筒排空时间，自密实混凝土应检验 J 环扩展度和离析率，钢纤维混凝土应检验纤维体积率以及大体积混凝土应检验入模温度等。

高性能混凝土拌合物性能检验相关标准有现行国家标准《预拌混凝土》GB/T 10492 和《混凝土质量控制标准》GB 50164。

8.1.4 高性能混凝土力学性能检验

1. 高性能混凝土力学性能应进行出厂检验和交货检验。出厂检验在搅拌地点由企业自检，是企业为质量控制进行的检验；交货检验在浇筑地点由第三方质检部门进行，交货检验作为验收依据。

2. 高性能混凝土力学检验应为抽样检验。出厂检验应在搅拌地点取样；混凝土交货检验应在交货地点取样；交货检验试样应随机从同一运输车卸料量的 1/4～3/4 之间抽取。混凝土交货检验取样及试件制作应在混凝土运到交货地点时开始算起 30min 内完成。

3. 高性能混凝土力学性能检验项目及其频率应符合下列要求：

（1）混凝土强度检验应符合以下要求：①出厂检验时，每 100 盘相同配合比混凝土取样不应少于 1 次；每一个工作班相同配合比混凝土不能达到 100 盘时应按 100 盘计；②交货检验的取样频率应符合《混凝土强度检验评定标准》GB/T 50107 的规定；

（2）同条件养护试件抗压强度应符合以下要求：①在拆除底模及支架、张拉或放张预应力筋、确定受冻临界强度等情况下，应制作同条件养护试件，并在设计要求的龄期进行试验；②同条件养护试件取样和留置组数应根据实际情况确定；

（3）对于设计提出要求的高性能混凝土轴压、弹模、抗折、抗拉、抗剪等其他力学性能应在混凝土出厂前进行验证并满足设计要求，交货检验应符合工程要求。

4. 高性能混凝土强度检验评定应符合《混凝土强度检验评定标准》GB/T 50107 的规定。

5. 轻骨料高性能混凝土在检验强度的过程中，还应检验混凝土的干表观密度，可以通过混凝土拌合物表观密度和硬化混凝土干表观密度的相关性，以混凝土拌合物表观密度来控制硬化混凝土干表观密度，因此，硬化混凝土干表观密度的检测频率允许每 300m³ 混凝土测试一次。

6. 高性能混凝土力学性能检验结果应符合第 3 章的要求。

【讲解说明】

高性能混凝土力学性能检验与普通混凝土相同，包括出厂检验和交货检验。标准养护试件抗压强度应按规定取样频率进行出厂检验和交货检验。出厂检验为生产方自控检验，交货检验则为验收检验，以交货检验为准。当需要制作同条件养护试件时，应根据工程实际情况确定试件留置组数，并按设计龄期进行试验。当工程需要检验轴压、弹模、抗折、抗拉、抗剪等其他力学性能时，同样需要按工程要求的检验频率进行出厂检验和交货检验。干表观密度是轻骨料混凝土和重混凝土的重要性能指标，应在检验强度过程中按规定频率同时检验干表观密度。

高性能混凝土力学性能检验相关标准有现行国家标准《混凝土强度检验评定标准》GB/T 50107、《预拌混凝土》GB/T 10492 和《混凝土质量控制标准》GB 50164。

8.1.5 高性能混凝土耐久性能检验

1. 高性能混凝土出厂前，应在混凝土配制过程中进行设计要求的混凝土耐久性能验证试验，试验结果符合本《指南》第 3 章及相关章节的要求方可出厂。

2. 高性能混凝土耐久性能交货检验应在浇筑地点由第三方质检部门进行，交货检验作为验收依据。

3. 高性能混凝土耐久性能检验应符合现行行业标准《混凝土耐久性检验评定标准》

JGJ/T 193 的规定。

4. 高性能混凝土耐久性能检验项目仅包括设计提出要求以及标准规程规定的耐久性项目。

5. 检验批及试验组数应符合以下要求：

（1）同一检验批混凝土的强度等级、龄期、生产工艺和配合比应相同；

（2）对于同一工程、同一配合比的混凝土，检验批不应少于一个；

（3）对于同一检验批，设计要求的各个检验项目应至少完成一组试验。

6. 取样应符合以下要求：

（1）取样方法应符合现行国家标准《普通混凝土拌合物性能试验方法标准》GB/T 50080 的规定；

（2）取样应在施工现场进行，应随机从同一车（盘）中取样，并不宜在首车（盘）混凝土中取样。从车中取样时，应将混凝土搅拌均匀，并应在卸料量的 1/4～3/4 之间取样；

（3）取样数量应至少为计算试验用量的 1.5 倍。计算试验用量应根据现行国家标准《普通混凝土长期性能和耐久性能试验方法》GB/T 50082 的规定计算；

（4）每次取样应进行记录，取样记录应包括下列内容：

① 耐久性检验项目；

② 取样日期、时间和取样人；

③ 取样地点（实验室名称或工程名称、结构部位等）；

④ 混凝土强度等级；

⑤ 混凝土拌合物工作性；

⑥ 取样方法；

⑦ 试样编号；

⑧ 试样数量；

⑨ 环境温度及取样的混凝土温度（现场取样还应记录取样时的天气状况）；

⑩ 取样后的样品保存方法、运输方法以及从取样到制作成型的时间。

7. 试件制作与养护应符合以下要求：

（1）试件制作应在现场取样后 30min 内进行；

（2）需要检验实体结构混凝土的耐久性能时，应制作要求数量的同条件养护试件；

（3）试件制作和养护应符合现行国家标准《普通混凝土力学性能试验方法标准》GB/T 50081 和《普通混凝土长期性能和耐久性能试验方法》GB/T 50082 的有关规定。

8. 试验结果处理应符合以下要求：

（1）对于同一检验批只进行一组试验的检验项目，应将试验结果作为检验结果。对于抗冻试验、抗水渗透试验和抗硫酸盐侵蚀试验，当同一检验批进行一组以上试验时，应取所有组试验结果中的最小值作为检验结果。当检验结果介于本《指南》表 3.3.2-1 中所列的相邻两个等级之间时，应取等级较低者作为检验结果；

（2）对于抗氯离子渗透试验、碳化试验、早期抗裂试验，当同一检验批进行一组以上试验时，应取所有组试验结果中的最大值作为检验结果。

9. 高性能混凝土耐久性能检验结果应符合本《指南》第 3 章的要求。

【讲解说明】

耐久性能是高性能混凝土的最主要技术指标之一。高性能混凝土耐久性能检验方法与检验规则与普通混凝土相同，检验项目及其指标取决于工程设计要求。耐久性能检验包括设计阶段验证试验和交货检验。配合比设计阶段应进行耐久性能验证试验并满足设计要求。与力学性能交货检验相比，耐久性能交货检验的检验批更大，整体试验组数较少。制作耐久性能试件时，应按规定进行取样，制作后应进行标准养护。当需要检验实体结构混凝土的耐久性能时，应按实际情况留置同条件养护试件。对同一检验比的一组或多组耐久性检验结果进行处理时，规定检验结果最差的那组耐久性能指标代表了该检验批所有组耐久性检验结果，此规定偏于安全。

高性能混凝土耐久性能检验相关标准有现行行业标准《混凝土耐久性检验评定标准》JGJ/T 193、现行国家标准《预拌混凝土》GB/T 10492 和《混凝土质量控制标准》GB 50164。

8.1.6　实体结构高性能混凝土质量检验

1. 当需要检验实体结构高性能混凝土的力学性能时，可采用同条件养护试件进行力学性能检验，并应符合现行国家标准《混凝土结构工程施工质量验收规范》GB 50204 的规定；当对强度产生争议时，可采用钻芯法进行检验，实体结构混凝土强度筛查可以采用回弹、超声等非破损方法进行检验，并应符合现行国家标准《建筑结构检测技术标准》GB/T 50344 的规定。检验结果应符合本《指南》第 3 章、现行国家标准《混凝土结构工程施工质量验收规范》GB 50204、《建筑结构检测技术标准》GB/T 50344 的要求。

2. 当需要检验实体结构高性能混凝土的耐久性能时，可采用同条件养护试件进行耐久性能检验。检验结果应符合本《指南》第 3 章的要求。

3. 实体结构高性能混凝土裂缝及其他外观质量与缺陷的检验应符合现行国家标准《建筑结构检测技术标准》GB/T 50344 的规定。检验结果应符合现行国家标准《混凝土结构工程施工质量验收规范》GB 50204 的规定。

4. 钢筋保护层厚度检验应符合现行国家标准《混凝土结构工程施工质量验收规范》GB 50204 的规定。检验结果应符合本《指南》第 4 章和现行国家标准《混凝土结构工程施工质量验收规范》GB 50204 的要求。

5. 实体结构高性能混凝土氯离子检验应符合现行行业标准《混凝土中氯离子含量检测技术规程》JGJ/T 322 的规定。检验结果应符合本《指南》第 3 章的要求。

【讲解说明】

对涉及高性能混凝土结构安全的重要部位应进行结构实体检验，检验内容主要包括混凝土强度、钢筋保护层厚度以及工程合同约定的项目，结构实体混凝土强度检验可采用同条件养护试件进行。

实体结构混凝土裂缝及其他外观质量与缺陷的检验属于常规检验，是高性能混凝土检验的重要内容，很难想象，高性能混凝土存在裂缝及其他外观质量问题，尽管其他检验都符合要求。

当设计要求时，实体结构高性能混凝土的耐久性能检验可采用同条件养护试件进行，例如抗冻性能、抗氯离子渗透性能等检验。

当对实体结构高性能混凝土质量产生争议时，例如混凝土强度、混凝土氯离子含量或某些混凝土耐久性能等质量疑问，也可采用钻芯取样或非破损方法进行检验。

8.2 验收

1. 高性能混凝土原材料、配合比、施工以及高性能混凝土工程质量的验收应符合现行国家标准《混凝土结构工程施工质量验收规范》GB 50204 的规定。

2. 轻骨料高性能混凝土的验收还应符合《轻骨料混凝土技术规程》JGJ 51 的有关技术规定。

3. 自密实高性能混凝土的验收还应符合《自密实混凝土应用技术规程》JGJ/T 283 的有关技术规定。

4. 纤维高性能混凝土的验收还应符合《纤维混凝土应用技术规程》JGJ/T 221 的有关技术规定。

【讲解说明】

高性能混凝土应是按现行国家标准《混凝土结构工程施工质量验收规范》GB 50204 的验收合格的混凝土，满足工程设计、施工和使用要求。

高性能混凝土与普通混凝土验收要求相同，主要技术文件包括下述 5 个方面：

1. 混凝土原材料的产品合格证、出厂检验报告和进场复验报告，必要时检查氯化物和碱的总含量的计算书等；有些材料还需要产品说明书，比如某些外加剂产品等。

2. 配合比的设计资料、混凝土拌合物性能、力学性能和耐久性能等试验报告和验证报告、开盘鉴定资料、砂石含水率测试结果和施工配合比通知单等。

3. 混凝土施工过程的原材料称量偏差、浇筑时间、施工技术方案、养护措施等施工记录文件。

4. 混凝土施工过程的混凝土拌合物性能、力学性能和耐久性能的检测报告。

5. 混凝土结构实体的混凝土强度、钢筋保护层厚度以及工程合同约定项目的检验报告，必要时可包括结构实体的氯离子含量、裂缝、外观质量和耐久性能等检验报告。

特制品高性能混凝土的原材料、配合比设计、施工的验收项目都与常规高性能混凝土有所不同，《混凝土结构工程施工质量验收规范》GB 50204 中并未涵盖。例如轻骨料高性能混凝土，《混凝土结构工程施工质量验收规范》GB 50204 中没有涉及轻骨料，且施工主控项目仅规定强度等级必须符合设计要求，而轻骨料混凝土则必须密度等级与强度等级双控并符合设计要求。又例如自密实高性能混凝土，配合比设计与混凝土施工控制方面有其特殊性，比如采用顶升、高抛等一些施工工艺时；再例如纤维高性能混凝土，《混凝土结构工程施工质量验收规范》GB 50204 中没有涉及纤维材料，也未涉及钢纤维混凝土的抗弯韧性等方面。